엄마의
말그릇

일러두기

· 본문에 제시된 사례는 개인정보 보호를 위해 인물 및 상황을 바꾸어 재구성한 것임을 알려드립니다.
· 이 책의 주 대상자는 엄마이지만, 아이를 양육하는 보호자라면 누구나 활용할 수 있습니다.

비울수록 사랑을 더 채우는

엄마의 말 그릇

김윤나 지음

카시오페아
Cassiopeia

말 그릇과 함께
성장한다는 것은

"네가 숙제 안 해놓고 뭘 울어! 왜 괜히 엄마한테 화풀이야, 앞으로 네가 다 알아서 해!"

이렇게 말한 날은, 괜시리 엄마의 마음도 안 좋습니다. 화를 내서 아이의 짜증을 멈추게는 했지만, 결국 자신이 쏟아 부은 말 때문에 엄마의 마음도 길을 잃습니다.

"너도 빨리 끝내고 싶은데 잘 안 되니까 속상하지. 마음이 급하면 짜증 날 수 있어. 그래도 짜증 난다고 소리 지르면 안 돼. 이리 와 봐, 엄마가 안아줄게… 에구, 그렇게 잘하고 싶었어?"

그런가 하면 꽤 성공적으로 말을 건넬 때도 있습니다. 불편한 상황 속에서도 마음을 진정시키고 아이의 마음까지 헤아립니다. 그렇게 대화를 마친 날이면, 아이도 자신의 속마음을 털어놓습니다.

"엄마, 나도 잘하고 싶은데 자꾸 반대로 하게 돼요. 숙제도 빨리 끝내고 싶거든요. 노력하고 있는데 잘 안 될 때가 있어요."

우리의 일상은 이런 날들의 반복입니다. 어떤 날은 세상 따뜻한 말로 아이를 감싸고, 또 어떤 날은 자기도 모르게 매서운 말을 내뱉고 말지요. 저 역시 마찬가지입니다. 소통 전문가인 저도 아이 앞에서는 다를 바가 없습니다. 하루는 제 말에 화가 나고, 하루는 안심합니다.

하지만 그런 상황 속에서도 제가 꼭 지키려고 노력하는 게 하나 있습니다. '나의 말을 돌보는 일'을 게을리하지 않는 것… 그래서일까요? 이전보다 제 말은 한결 단단해지고 따뜻해졌습니다. 말로 아이를 때리는 날보다 지키고 돌보는 날이 많아졌습니다.

이러한 말의 변화는 서서히 일어납니다. 오랜 시간 쌓아온 '말 습관'은 하루아침에 드라마틱하게 변하지 않습니다. 말을 깊이 있게 다루는 연습이 쌓이고, 전진과 후퇴를 반복하면서 천천히 앞으로 나아가지요. 코칭 과정을 함께 했던 많은 이들도 이와 비슷한 경험을 했습니다. 쏟아내는 말의 양은 줄고, 속도는 느려지고, 말의 결은 이전보다 부드럽고 명료해졌지요.

이 차이들은 어떻게 만들어질까요? 바로 '말 그릇'을 키우려는 노력에서 비롯됩니다. 여기서 말 그릇이란 단순히 말 자체, 화법만을 뜻하지는 않습니다. 그것은 말을 만들고 담아내는 그릇, 즉 마음을 뜻합니다. 엄마의 말 그릇을 키운다는 것은 결국 마음 그릇을 크게 만들어 지혜로운 어른의 말이 드나들 공간을 만드는 일인 것이죠.

말의 양과 속도와 그것의 결은, 말 그릇의 크기와 상태에 따라서 달라집니다. 마음에 공간이 넉넉해서 큰 말 그릇을 가진 엄마는 아이와 부딪히는 상황에서도 자신의 내면에서 벌어지고 있는 일들을 알아챌 수 있습니다. 그래서 득이 되는 말과 실이 되는 말을 구분할 수 있고 엄마로서 해야 할 말을 선택할 수 있습니다.

그러나 마음 공간이 없어서 말 그릇이 작다면 지혜가 들어설 자리가 없습니다. 그저 반사적으로 말하고, 방어적으로 자신을 보호하게 되고, 내면을 돌아보기보다 환경을 탓하며, 아이가 하고 싶어 하는 말의 진짜 의미를 끝끝내 해석할 수 없게 됩니다. 작은 공간에 자신이 하고 싶은 말만 가득 차 있으니 실체를 보지 못하고, 아이의 말을 듣고도 무슨 말인지 알아들을 수 없게 되는 것이죠.

당신의 말 그릇의 크기는 어떠한가요?
말 그릇 안에는 어떤 말들이 가득 차 있습니까?

여는 글

아이와의 소통에 실패할 때 대부분의 사람들은 대화 기술을 문제의 원인으로 꼽습니다. 그러나 어떤 말을 하지 못하거나 반대로 멈추지 못하는 진짜 이유는 자신의 내면 안에 있지요. 말을 만들어내고 담아내는 공간에 여력이 없어 진짜 해야 할 말을 하지 못하는 것입니다.

그러니 말을 다르게 하고 싶다면, 내 마음의 생김새를 살피는 것부터 시작해야 합니다. 마음의 속도는 어떠한지, 화가 나거나 불편할 때 그 모양은 어떻게 달라지는지, 스스로 모른 척하고 싶은 마음의 그림자는 무엇인지 알아봐야 합니다.

이 책은, 그 과정을 돕는 일종의 가이드북이라고 할 수 있습니다.

1부와 2부에는, 자신의 내면을 들여다 보는 시간이 담겨 있습니다. 원가족에게서 영향을 받은 말 습관이 있는지, 그것은 무엇이고 그것으로 인해 갖게 된 삶의 태도는 무엇인지 알아보는 과정이 나와 있습니다. 또한 내가 유독 불편해하는 자극과 그러한 자극에 부딪칠 때 일어나는 감각, 감정, 생각, 욕구들을 다각적으로 들여다 보고 그것을 알아차리는 연습도 함께 나와 있습니다.

나아가 3부에서는 비로소 말 그릇에 공간이 생겼을 때, 엄마에게 필요한 새로운 말들을 소개합니다. 생명을 건강하고 소중하게 자라게 하는 말이란 무엇인지, 앞으로 어떻게 다르게 말하면 좋을지 알아보는 과정이 이어집니다. 마지막 장에서는 엄마의 말을 건강하게 유지하는 방법이 나와 있습니다. 찰나의 변화가 아닌, 단단하고 따뜻한 어른의 말을 일관되게 사용하려면 마음을 키우는 작고 꾸준한 노력들이 필요하기 때문이지요.

이 책에는 질문과 셀프 토크(내면 대화) 메시지들도 많이 담겨 있습니다. 급하게 지나치지 말고, 각각의 메시지를 통해 자신과의 대화를 되도록 많이 나눠보기를 권합니다.

살면서 말을 다룰 줄 모르는 어른들이 많다고 느꼈습니다. 부모님의 모습을 보면서도 '왜 저렇게 말할까?'를 고민하기도 했지요. 힘들 때 가까운 사람을 비난하고, 자신의 두려움을 사랑하는 사람에게 떠넘기는 말들이 싫었습니다. 혹여나 내 아이에게도 같은 말을 대물림하지 않을까 걱정스러웠지요. 그러나 그것은 부정하고 피한다고 바뀌는 게 아니었습니다. 오히려 자신의 상처받은 마음을 위로하고, 부정적인 말 습관을 인식하고, 다시금 올바로 배우는 시간이 필요했지요.

당신도 이 책을 통해 그 과정을 거쳐 나가기를 바랍니다. 나를 안아주고, 멈추고, 묻고, 새로운 길을 발견하기를 바랍니다. 그리고 그것을 통해 아이에게도 새로운 말의 길을 열어주기를 바랍니다.

이 책,《엄마의 말 그릇》은 전작인《말 그릇》과《리더의 말 그릇》을 잇는 완결판이라고 볼 수 있습니다. 어쩌면 이 책이야말로, '말 그릇' 시리즈의 진정한 시작이 아닐까 싶기도 합니다. 엄마가 된 후로 매일 아이들과 대화하고 갈등을 겪으면서 '나의 말'에 대해서도 더 깊게 돌아보기 시작했으니까요.

그런데도 이 책이 나오기까지 꽤 오랜 시간이 걸린 이유는, '더 좋은 엄마가 된 후에 써야겠다'는 부담감이 있었기 때문입니다. 그런데 참 희한한 일이지요. 그렇게 망설이는 동안, 제 몸에는 갑작스러운 이상이 생겼고 진단과 수술 준비, 평생 관리라는 큰 과제 앞에서 일상의 많은 부분들이 변했습니다. 그러고 나니 무엇을 해야 할지 분명해지더라고요. 이 책을 더 이상 미루어서는 안 되겠다는 마음이 차올랐습니다. 삶에서 '무언가를 하기에 완벽한 때'란 없다는 것을, 만약 있다면 그것은 '지금 이 순간'이라는 것을 깨달았습니다. 나를 더 괜찮은 사람이 되고 싶게 만드는 아이들과 그들이 불러주는 엄마라는 이름이 얼마나 소중한지도 깨달았죠. 아무쪼록 이렇게 오래 묵혀진 저의 진심이 여러분께도 가 닿기를 바랄 뿐입니다.

마지막으로, 말을 다루는 당신의 마음이 너무 무겁지 않았으면 좋겠습니다. 어떻게 말해야 할지 주저하고 왜 그렇게 말했는지 후회하는 대신, 원하는 것을 간결하게 말하고 말로 아

엄마의
말그릇

이의 마음을 기꺼이 받아낼 수 있기를 바랍니다. 그래서 아이 곁에서 살아가는 오늘이 조금 더 가볍고 행복했으면 좋겠습니다.

2024년 4월,
말마음 연구실에서 김윤나

차례

1부

엄마의 말 그릇

말 그릇 안에서
아이들이 자란다

오늘도 말 때문에
후회를 곱씹고 있다면

"빨리 먹어. 네가 사 달라고 했잖아."

"…."

"왜 안 먹어! 또 이러지! 빨리 먹으라고 했다!"

"…."

"너 다시는 뭐 사 달라고 하지 마! 알겠어? 너랑 다시는 안 나와!"

아이들 도넛을 사려고 들른 가게에서 막 숨을 돌리던 참이었습니다. 건너편에서 어여쁜 딸과 마주 앉은 엄마는 무서운 얼굴을 하고 있습니다. 아이가 사 달라고 해놓고, 이번에도 잘 먹지 않는 모양입니다.

엄마는 싫다는 아이의 입에 도넛을 밀어 넣으려 합니다. 마치 '누가 이기나 보자'고 벼르기라도 한 듯합니다. 그러나 작은 입은 좀처럼 열리지를 않고, 엄마는 그만 폭발해버리고 맙니다. 입에 흰 크림을 묻힌 채 작은 어깨를 들썩이며 우는 아이를 보는 그녀의 얼굴은 복잡합니다. 딸과의 기분 좋은 데이트를 상상했을 텐데⋯ 오늘 밤, 그녀는 아마도 이 장면을 수없이 머릿속으로 되감기하며 홀로 자책할 것입니다.

'왜 또 후회할 말을 했을까!'

낮에 코칭에서 만났던 또 다른 엄마의 얼굴이 떠오릅니다. 대학생 딸을 둔 그녀는 딸이 속마음을 털어놓지 않는다며 '대화를 잘하고 싶다'고 찾아왔습니다. 졸업이 코앞이고, 이제 곧 취업준비도 해야 하는데 대체 무슨 생각을 하고 있냐고 물어도 별 말이 없다는 것입니다.

그녀는 매일 하고 싶은 말을 꿀꺽 삼킵니다. 수업 시간에 늦어도 서두르는 기색 없는 아이의 뒤통수를 향해 쏘아붙이고 싶은 말을 꾹 참습니다. 새벽까지 핸드폰만 들여다보는 딸을 보면서도 못내 고개를 돌립니다.

그러나 꾹 눌렀던 감정은 사라지지 않고 마음속에 쌓이기 시작합니다. 별 다를 것 없는 어느 주말 아침, 결국 쌓여 있던 말들이 한꺼번에 터져나옵니다.

"나가서 운동이라도 좀 해."

"…."

"엄마 말 듣고 있어?"

"네…."

"어휴, 답답해! 너는 애가 왜 이렇게 이기적이야! 엄마가 이렇게까지 참아주면 뭐라도 하는 시늉 좀 해!"

부모라면 누구나 어른다운 단단한 말, 따뜻한 말을 아이들에게 들려주고 싶습니다. 그러나 현실은 어떤가요. 오히려 누구에게도 해본 적 없는 공격적인 말들을 여과 없이 쏟아 부을 때가 많습니다. 그러면서도 행여나 아이가 이러한 말투를 배울까봐, 이 말들이 아이의 가슴에 지워지지 않는 상처를 남길까봐, 그래서 나와의 관계가 점점 더 멀어질까봐 걱정하곤 하죠.

도대체 왜 우리는 가장 사랑하는 내 아이에게 가장 감정적인 말을 내뱉게 되는 것일까요? 이 소통방식을 바꾸려면 무엇부터 시작해야 할까요?

마음과 말의 관계

우리는 아이와의 관계에서 매일 작은 '심리적인 불편감'을 경험합니다. 아침에 아이를 깨우는 일에서부터 학업 성취도나 친구관계를 살피는 일에 이르기까지 각 연령대마다 신경 쓰고 챙겨야 할 것들로 종종 아이와 부딪칩니다.

이럴 때 마음의 영향을 가장 많이 받는 것은 '말'입니다. 감정을 등에 업은 말은, 또 다른 감정적인 상황을 만들어내고 결국 다시 죄책감으로 돌아옵니다. 이 괴로운 도돌이표를 끊을 수 없는 이유는 무엇일까요? 바로 우리가 입 밖으로 나온 '말'에만 집중하고 있기 때문입니다.

예를 들어, 유독 아이의 짜증 내는 소리를 참지 못하는 부모가 있다고 해볼까요. 이때, 문제가 되는 것은 단순히 신경질적으로 대꾸하는 부모의 말투뿐만이 아닙니다. 문제의 핵심을 '말투'라고 여겨서 상냥한 말투만 연습한다면 아마 상황은 크게 달라지지 않을 것입니다. 그보다는 '짜증 내는 아이를 볼 때 왜 내 마음은 이렇게까지 힘들어지는가'를 먼저 들여다봐야 합니다. '아이의 짜증—내 마음의 분노—비난하는 말' 사이에 어떤 연결고리들이 숨어 있는지를 깨달아야 합니다. 그것을 알아야 마음을 다룰 수 있고, 궁극적인 말의 변화는 그 후에 찾아옵니다. 그리고 그것을 위해서는 지금까지와는 다른 질문들이 필요하죠.

도대체 왜 또 그렇게 말했을까
→ 무엇이 나를 그렇게 말하게 했을까?

난 왜 이것밖에 안 될까

→ 다르게 말하기 위해서는 내가 <u>무엇을</u> 해야 할까?

앞으로는 자책과 후회의 말 앞에서 꾸중하는 태도 대신, 탐구하는 태도를 갖추었으면 좋겠습니다. '도대체 왜!' 하면서 탓하거나, '난 엄마도 아니야'라는 생각 대신 '가족 중에 그런 말을 자주 사용했던 사람이 **누가** 있었지?', '나는 **언제** 예민하게 반응하지?', '다르게 말하기 위해서는 **무엇을** 해야 할까?', '내가 그럴 때마다 **어떤** 일이 반복되고 있지?' 이렇게 더 구체적으로 질문하세요.

아이를 지켜보는 것만큼 나의 마음을 지켜봐주세요. 고요한 말은 결국 고요한 마음에서 나오기 마련입니다. 먼저 나를 향한 질문이 시작되어야 끝없이 반복되는 '말'의 전쟁을 진정시킬 수 있습니다.

잠깐 멈추면
달라지는 것들

"요즘, 자녀를 볼 때 무엇이 가장 신경 쓰이세요?"
강의에서 이런 질문을 던지면 수많은 대답들이 되돌아옵니다.

"숙제를 안 해요. 진짜 미치겠어요."
"핸드폰을 부셔야 이 전쟁이 끝날 것 같아요."
"살이 너무 쪄요. 게을러서 걱정이에요."
"소심한 성격 탓에 친구들이 많이 없어요."
"하고 싶은게 없대요… 제 앞가림이나 할까 모르겠어요."

끝도 없는 고민의 행렬이 이어집니다. 제 상황도 다를 바 없
습니다. 초등학교 5학년과 1학년인 형제를 키우고 있으니까

요. 큰 아들은 작년 한 해 수학학원 가는 것을 힘들어 했습니다. 어떤 날은 다리를 절뚝거리며 하교하더니, 다리가 불편해서 학원에 못 가겠다고 하더군요. 아프다는 애를 붙잡고 수학 문제 몇 개 더 풀게 하는 엄마는 되고 싶지 않아서 쉬라고 했습니다. 그런데 30분이나 지났을까요. 아프다던 다리가 그사이 멀쩡해졌는지 신나게 거실을 돌아다니더군요.

날을 잡아서 작정하고 대화를 시도해보았습니다. 아이를 소파에 앉히고 준비했던 말을 한가득 늘어놓았죠. 아들은 고개를 끄덕이며 학원을 꾸준히 다녀야 하는 이유를 잠자코 듣고 있었습니다. 표정을 보아서는 이해한 것 같은데…, 과연 아들은 제가 전하고자 하는 메시지를 제대로 알아들었을까요?

엄마의 말은 아이가 미처 준비되지 않았을 때 쏟아지는 경우가 대부분입니다. 한 번에 전달되는 메시지의 양도 많죠. 따라서 중요한 내용일수록 아이가 어떻게 받아들였는지, 얼마나 소화했는지 확인할 필요가 있습니다. 말을 마치고 아이에게 물었습니다.

"엄마가 한 말 중에 어떤 말을 이해했니?

"… 안 들었는데요…."

"… 그럼 엄마가 말하는 동안 무슨 생각했어?"

"듣기 싫다는 생각했어요."

"… 듣기 싫은데 참고 있었구나."

"네… 다 맞는 말인 거 같은데… 기분이 나빠요."

이 상황에서 우리는 어떻게 대처해야 할까요? 안 듣고 있었다는 아이에게 화를 내야 할까요? 말귀를 알아들을 때까지 처음부터 다시 설명해야 할까요? 그것도 아니면 '너한테 이런 말을 하고 있는 나도 참…' 하면서 등을 돌려야 할까요?

'듣기 싫었다니…' 마음이 불편해집니다. 하지만 이럴 때 다른 말을 서둘러 이어 붙이면 말은 방향을 잃기 시작합니다. 해야 할 말이 아니라, 기분대로 말할 가능성이 높아집니다.

'세밀한 관찰'이 필요한 순간입니다. 관찰은 무심히 지켜보는 것과는 다릅니다. 의도를 가지고 특별한 방식으로 주의를 기울여서 하나하나 살펴보는 것을 뜻하지요.

잠깐 심호흡을 한 후, 그 순간 나의 마음속에서 일어나고 있는 일을 먼저 관찰합니다.

'수학은 점점 더 어려워질 텐데 계속 학원에 가기 싫다고 하면 어쩌지.'

저는 걱정하고 있었습니다. 아직 일어나지 않은 일들을 떠올리며 미리부터 불안해하고 있었던 것이지요.

동시에 아이를 살핍니다. 인상을 찌푸리며 고개를 돌린 아

엄마의
말그릇

이의 얼굴이 보입니다. 아까부터 저와 눈을 마주치지 않고 있습니다. 제 몸은 아이를 향해 있는데, 아이의 몸은 저와는 다른 방향으로 돌아앉아 있습니다.

'그렇구나. 아이는 들을 준비가 되지 않았는데, 무작정 내 말부터 쏟아냈구나.'

저는 이런 상황이 오면, 아이와 제 사이에 좁고 물살이 센 깊은 강이 있다고 상상합니다. 마음이 급해져서 한 발 더 내딛는 순간, 거친 물살에 휩쓸려가는 제 모습을 떠올립니다. 멈추지 않으면 그 거친 물살 속으로 아이까지 잡아끌게 될 거라는 것을 상기하면서요.

그래서 더 다가가지 않기로 결심합니다. 멀찌감치 떨어져 있는 아이의 속도를 인정해주기로 합니다. 그렇다고 제 마음 속의 걱정이 사그라든 것은 아니지만, 준비 안 된 아이를 억지로 끌고 다니지 않도록 마음을 씁니다.

"그래, 솔직하게 말해준 덕분에 네 마음을 알았어. 오늘은 여기까지 하고, 다음에 다시 이야기하자."
"엄마… 그냥 조금 더 놀고 싶어서 그런 거예요….'"
"그랬구나. 놀 시간이 부족하지…? 엄마랑 같이 방법을 찾아보자."
"엄마…."

눈가가 살짝 붉어진 아이가 어리광을 부리며 제 품으로 파고듭니다. 좀 전의 날선 태도는 찾아볼 수 없습니다. 학원을 잘 다니겠다는 다짐을 받아낸 것도 아니고, 수학에 대한 걱정을 완전히 해결한 것도 아니지만, 말을 멈추고 잠깐 상황을 돌아봄으로써 결국 아들과 저의 대화는 누구도 상처 입지 않고 마무리되었습니다. 가장 중요한 성과는, 아이가 저와의 대화를 안전하게 느꼈다는 것이지요. 상대방이 자신의 입장과 상황을 부정하지 않을 때 누구나 안정감을 느끼게 마련입니다.

덕분에 우리는 그 후에도 학원에 대해 같이 이야기할 수 있었고, 노는 시간을 어떻게 확보할 수 있을지 정할 수 있었습니다. 특히 아이는 학원에 결석하지 않기 위해 부단히 노력하는 모습을 보여주었죠.

사실 이와 비슷한 상황은 종종 일어납니다. 오늘 저녁에도 제 마음은 얼마나 급했는지 모릅니다. 아이들과 숙제를 하는 시간, 둘째 아이는 숙제를 하는 중에도 여기저기 낙서를 하고 있었습니다.

'아, 집중력이 부족하네. 빨리 끝내고 다음 거 해야 하는데.'

여차 하면 날선 말이 튀어나오려는 순간, 저는 다행히도 '잠깐 멈추고 관찰하기'를 기억해냈습니다. 호흡을 가다듬고 감각을 세워 아이를 살펴봅니다. 포동포동한 볼살과 숙제를 하기 싫어 툭 튀어나온 입술… 아직은 귀여운 구석밖에 없는 어린아이입니다. 그 모습을 보다가 문득 '나 어릴 때에는 이렇게 숙제가 많지 않았는데.' 하는 생각에 다다르자 매일 저녁 테이블 앞에 앉아 숙제를 시작하는 아이가 기특하고 안쓰러워집니다. 아이가 그려 놓은 그림도 다시 한 번 봅니다. 포켓몬 캐릭터를 그렸는데 표정이 재미있습니다. 재촉하지 않고 잠시 기다리다가 "자고 싶은데 참으면서 하고 있다~ 그치?" 하면서 아이를 살짝 안아주었더니 아이가 맑은 눈망울로 저를 올려다봅니다. 그러고는 다시 힘을 내어 연필을 잡습니다.

'밑 빠진 독에 말 붓기'를 멈추기 위해서

'마음의 속도를 살펴야 해.'

저는 아이와의 일상을 겪으면서 제 마음의 속도에 관해 생각해보았습니다. 아이에게 말을 쏟아낼 때의 제 마음은 혼자 한참 앞으로 내달리고 있었습니다.

'수학이 점점 더 어려워질 텐데 어쩌지.'

'지금 공부습관을 잡지 못하면 계속 흐트러질까봐 걱정이야.'

'일하는 엄마라 아이 곁을 지킬 수가 없는데, 미리 단속을 해놓아야겠지?'

오늘 숙제 한 번 안 한 일이, 갑자기 대학의 당락과 고된 아이의 미래로 순식간에 이어집니다. 그렇게 한번 미래로 가속도가 붙은 마음은 스스로 멈추질 않습니다. 결국 불안과 걱정으로 어지럽혀진 마음은 잔소리가 되어 밖으로 터져 나오고, 잔소리는 아이의 귀를 막고, 그것이 제 마음을 더 자극하고 결국 대화는 소통의 창구가 아닌, 분노의 발산으로 끝이 나게 되죠.

미국 피츠버그 의과대학과 UC버클리, 하버드 대학의 공동 연구팀은, 잔소리가 뇌의 활동에 미치는 영향에 대해 흥미로운 사실 하나를 발견해냈습니다. 평균 연령 14세의 청소년 32명을 대상으로 실험을 진행한 결과였죠. 연구진들은 각 어머니들의 잔소리를 녹음했고, 그것을 아이들에게 30초 동안 들려주면서 그들의 뇌에서 일어나는 변화를 관찰했습니다. 그 결과, 잔소리를 듣고 있을 때 아이들의 뇌 중 부정적 감정을 처리하는 대뇌변연계의 활성도가 높아지고, 감정조절을 관장하는 전두엽과 상대방의 관점을 이해하게끔 돕는 측두엽의 활성도는 떨어진다는 사실이 발견됐습니다. 즉 부모의 말을 잔소리라고 인지하는 순간, 그 말을 받아들이고 이해하려는 아이들의 능력은 멈추고 부정적 감정만 쌓이게 된다는 뜻입니다.

그래서 우리는, 내 마음의 속도를 알고 그것을 조절할 수 있어야 합니다. 지향하는 목표가 분명할수록, 자신이 되고자 하는 이미지가 완벽하면 완벽할수록 부모의 마음은 빠르게 앞으로 내달릴 수밖에 없습니다. 그러나 아이와 함께 살아간다는 것은 서로의 속도에 주의를 기울이는 일입니다. 엄마의 마음이 먼저 내달리고 있어도 아이의 마음이 현재에 살고 있다면 서로의 목소리는 들리지 않을 테니까요.

아래의 질문들을 사용해서 내 삶의 속도는 어떠한지, 그것이 내게 어떠한 의미를 가지는지 스스로를 탐구하는 시간을 가져보세요.

> ## 말 그릇을 키우는 **질문**
>
> 일상에서 내 삶의 속도를 보여주는 것은 무엇인가?
> 나의 속도는 내 인생에 관해 무엇을 알려주고 있는가?
> 나의 속도감이 현재 내 아이에게 어떤 영향을 미치고 있는가?
> 아이와 나와의 속도 차이를 언제, 어떻게 느끼고 있는가?
> 만약 속도를 늦춘다면 어떤 일이 일어날 것 같은가?
> 나의 속도를 늦추기 위해 필요한 것은 무엇일까?

불안한 마음에 이름표 붙이기

아이들이 더 어릴 때는 종종 함께 놀이터에 들렀습니다. 그 때 유독 아이의 이름을 자주 부르는 한 엄마가 있었습니다.

"준민아~ 준민아! 그럼 안 돼, 준민아!"

아이가 친구를 밀칠까봐, 친구가 지나가는 길을 방해할까 봐, 친구랑 간식을 나누어 먹지 않을까봐 걱정이 된 그녀는 자 꾸만 아이의 이름을 부릅니다. 아이가 스스로 대처하고 조절 할 수 있는 시간을 주지 않고 엄마가 나서서 빠르게 정리해버 립니다.

그러나 엄마의 말이 먼저 나아갈수록 아이들은 주도성과 통제성을 잃어버리기 쉽습니다. "미리미리 숙제 좀 해라.", "엄 마가 몇 번을 말하니.", "습관이 얼마나 중요한지 아니"라는 말 을 듣고 숙제를 시작한 아이는 엄마 때문에 숙제를 하는 것인 지, 자신의 배움을 위해 하는 것인지 헷갈릴 수밖에 없을 테 지요.

나는 어떤 불안함에 더 예민하게 반응하는 편인가?

아이를 바라볼 때, 누구나 더 마음이 불편해지는 지점이 있 습니다. 아이의 건강이나 학업, 친구관계나 습관, 예의… 만약 유독 감정을 참기 힘든 주제가 있다면 그것이 무엇인지 미리 알아두는 게 좋습니다. '나는 이런 부분에 대한 불안이 건드려지면 감정이 올라오는구나'라고 알고 있으면 그런 상황과 마주했을 때 더 빨리 감정을 인식하고 멈출 수 있습니다. 예민해질 때 자주 떠오르는 생각들을 살펴보는 것도 도움이 되지요.

'이러다가 ~하게 되면 어떡하지?'
'~하게 될까봐 걱정이야.'
'그 상황을 막으려면 지금이라도 ~해야겠지?'

불안함이 커질수록 엄마의 말은 많아지고 빨라지고 길어집니다. 그러나 그 불안함의 주체가 누구인지 한번 들여다보세요. 머릿속에 그려본 상황을 가장 견디지 못하는 사람은 아이일까요, 아니면 엄마일까요.

나는 왜 아이 앞에서
가장 욱하게 될까?

"야! 엄마가 뭐라고 했어! 뛰지 말라고 했지!"

"아파…."

"하지 말라면 아주 더 하지! 너 이럴 거면 여행가지 마!"

"아~~ 그만해~~~~!!"

KTX 역사 안에 한 엄마의 목소리가 울려 퍼집니다. 그 앞에는 초등학생 고학년처럼 보이는 남자아이가 몸을 웅크린 채서 있습니다. 주변의 시선이 그들에게 쏠렸지만 엄마는 좀처럼 진정되지 않는 모양입니다.

그녀는 아마 요 며칠 여행준비로 부산했을 것입니다. 집안정리를 하고, 여행 가방을 싸고, 새벽에 일어나 아이들을 준비

시키고 이곳까지 오느라 정신이 쏙 빠졌을 테죠. 몸과 마음이 지쳐 있는 바로 그때, 하필이면 아이는 실수를 했고 엄마는 그 순간을 참지 못한 채 욱하고 말았습니다.

낯선 모습은 아닙니다. 바쁜 등원길, 옷 투정을 하는 아이 앞에서 별안간 소리를 지르거나 엉망으로 어질러진 장난감 방을 치우면서 자기도 모르게 괴성이 터져 나왔던 경험은 부모라면 한 번쯤 겪어봤을 테니까요.

하지만 안타깝게도 이러한 '욱'은 중요한 것들을 놓치게 만듭니다.

첫 번째, 감정에 매몰된 언어는 메시지를 담을 수 없습니다. 공공장소에서는 어떻게 행동해야 하는지, 바쁜 등원시간에는 무엇을 포기하고 무엇을 선택해야 하는지, 자신의 장난감은 어떻게 정리해야 하는지 등등 아이의 행동에 중요한 메시지들을 하나도 전달할 수 없습니다. 당연히 그 문제를 해결하기 위한 대화의 과정도 막히고 말죠.

두 번째, 아이와의 대화가 갈등 패턴으로 자리 잡게 될 가능성이 높습니다. 대화는 반복되는 특성이 있습니다. 특정한 사람과 비슷한 방식의 대화 패턴을 반복하기 쉽죠.

'갈등 상황—엄마의 급발진—아이의 투쟁 또는 회피' 이런 식으로 한번 대화가 굳어져 버리면 그것을 변화시키기 위해서는 더 긴 시간과 더 큰 노력이 필요합니다.

세 번째, 부모 자녀 간에는 학습, 게임시간, 미디어 시청, 자기 방 정리 등 장기적으로 다루어야 할 주제들이 너무도 많습니다. 몇 번의 대화로는 결코 해결되지 않는 것들이죠. 이러한 주제를 다룰 때에는 '속 시원한 해결'이 목표가 아닙니다. 조금씩 나아지는 것, 그래서 결국엔 서로 만족할 만한 수준의 습관으로 정착되는 것, 바로 이것입니다. 그런데 이 장기전을 가장 어렵게 만드는 것이 바로 감정 폭발입니다.

아이들은 끊임없이 우리를 자극합니다. 그것이 바로 아이들의 특성이기 때문이죠. 이때 필요한 것은 각각의 자극에 적합한 대응방식을 갖추는 것입니다.

어떤 자극에는 좀 무관심할 필요가 있습니다. 예를 들어, 아이가 습관적으로 짜증을 부릴 때나 허용할 수 없는 것을 요구하며 징징거릴 때라면, 적극적으로 개입하는 대신 약간 거리를 두는 편이 낫습니다. 아이가 스스로 자신의 감정을 마주하고 진정할 때까지, 무시가 아닌 적절한 무관심으로 아이 곁에서 지켜보는 것이죠. 그 시간을 잘 보내고 나면, 아이는 결국 자신의 방법이 통하지 않는다는 것을 깨닫게 될 것입니다.

또 어떤 자극에는 깊은 공감과 이해가 필요합니다. 잘하고 싶었는데 마음처럼 잘 안 돼서 짜증을 부린다면, 짜증 뒤에 숨어 있는 속상한 마음을 찾아내서 말해주고, 다독여주고, 속상함을 짜증이 아닌 방식으로 표현하게끔 도와주면서 위로해줄 수 있어야 합니다.

단호하게 선을 그어야 할 때도 있습니다. "위험한 행동은 안돼"라며 정확하면서도 간결하게 말해야 할 때가 있지요. 그럴 때는 양보와 타협, 협상 같은 것을 배제한 채 명확하게 지시하고 알려주어야 합니다.

감정폭발은 이것을 분별하는 과정을 어렵게 만듭니다. 자극에 감정적으로 끌려가느라 엄마 스스로 어떻게 대처해야 할지 판단력을 잃어버리니까요.

부모의 말이 권위를 가지려면 마음에 공간이 필요합니다. 어떤 대응이 필요한 순간인지를 선택할 수 있는 여력이 있어야 하죠. 그럴 때 '잠깐, 지금 어떤 상황이지?'라는 잠시 멈춤의 질문이 작은 틈을 만들어 낼 수 있습니다. 단순하지만 쉽지 않은 그 행동이 감정에 압도되지 않도록 속도를 늦추고 상황에 어울리는 말을 찾도록 도와줍니다.

❝ 미세 스트레스의 폭발력 ❞

낙숫물이 바위 위에 구멍을 내듯이, 여러 번에 걸쳐 마음속에 차곡차곡 쌓인 작은 스트레스는 어느 순간 마음을 압도하는 커다란 태풍이 되고 맙니다. '감정 폭발'은 대부분 하나의 큰 사건이 몰고 오는 경우보다 작은 스트레스들이 계속 누적되었다가 한 번에 터질 때 더 강력합니다.

아이가 영어학원에서 받아온 성적표를 내밉니다. '중요한 시험은 아니었으니까 괜찮아' 하면서 나름대로 넘어갑니다. 그런데 엄마들과의 모임에서 다른 집 아이가 영어 스피치대회에 나갔다는 자랑을 듣습니다. 그 말을 듣고도 딱히 별 생각은 없습니다. 그런데 모임을 마치고 집에 들어온 순간, 소파에 누워서 핸드폰을 하는 아이의 모습이 눈에 들어옵니다. "아직도 핸드폰 해?" 하고 지나치려는데 이번에는 바닥에 아무렇게나 벗어놓은 옷가지들이 보이죠. 그때, 엄마의 입에서는 아무런 예고도 없이 이런 괴성이 튀어나옵니다.

"도대체 엄마가 언제까지 네 뒤치다꺼리를 해줘야 돼! 너 정신이 있는 애야, 없는 애야!!"

진짜로 바닥에 던져놓은 옷 때문에 엄마의 감정이 폭발했던 것일까요? 아이가 옷을 잘 정리했다면 하루 종일 엄마의 마음은 고요하고 평화로웠을까요? 어쩌면 그 정리되지 않은 옷들은 감정이 선을 넘기 전 마지막 한 방울의 역할을 했을지 모릅니다.

엄마는 매일 셀 수 없이 많은 미세 스트레스에 노출됩니다. 사소하고, 모호하기 때문에 제대로 인식하기 힘들지만, 생각보다 직접적으로 마음에 영향을 미치는 것들이죠. 문제는 대부분의 사람들이 이러한 미세 스트레스를 무시하도록 길들여져 있기 때문에 잘 알아차리지 못한다는 데 있습니다. 별 거 아니라며 무시하다가 한꺼번에 무너지게 되는 것이죠.

말 그릇을 키우는 질문

오늘 나는 어떤 미세 스트레스를 경험했나요?
그것에 영향을 받고 있다는 것을 어떻게 알 수 있나요?
지금 일어나는 분노의 핵심 요인은 무엇이라고 생각하나요?

미세 스트레스를 정화할 수 있는 자신만의 숲을 가져야 합니다. 옷가지에 묻은 먼지를 툴툴 털어내듯 마음의 먼지를 털어낼 수 있는 방법을 찾아야 합니다. 그것은 취미활동이 될 수도 있고, 산책이 될 수도 있고, 맛있는 음식을 맛보는 일이 될 수도 있습니다. 그럼으로써 숨을 돌리고, 다시 리듬과 균형을 되찾아야 합니다.

그리고 그보다 더 근본적인 해결책은 미세 스트레스를 다룰 수 있는 마음의 근력을 키우는 것입니다. 불안, 두려움, 짜증, 서운함, 외로움, 조급함처럼 나를 불편하게 만드는 감정들이 생겨날 때 그것을 지그시 응시할 수 있는 내면의 힘을 기르는 것이죠. 불편한 감정은 제거의 대상이 아니라 평생 다루고 조절해야 할 대상이기 때문입니다.

아주 오래된 분노

때때로 어떤 분노는 아주 먼 과거에서부터 이어져 내려오기도 합니다. 현재가 아닌, 이전에 유의미했던 어떤 상호작용들이 자녀와의 대화에서 여전히 세력을 발휘하고 있기도 하죠.

누구에게나 저마다의 오래된 도화선이 있습니다. 부모를 비롯한 친밀한 관계에서 겪은 상처들, 그중에서도 아직 치유되지 못한 채 묻어 둔 작은 트라우마들은 약한 불꽃에도 여지없이 타오르는 도화선이죠.

안타까운 것은 그 도화선이 무엇인지조차 모를 때가 많다는 것입니다. 남편에 대한 불편한 감정이, 실은 어린 시절 상실되었던 애착의 주제가 반복되는 것임을 깨닫지 못하거나 아이를 향해 분노하면서 사실상 통제력을 잃어버릴까 봐 두려워하고 있는 자기 내면은 알아보지 못하는 것처럼요.

앞서 나왔던 도넛 가게의 장면을 떠올려 보세요. 아이가 음식을 안 먹고, 이랬다 저랬다 하면 짜증스럽습니다. 그러나 입에 도넛을 억지로 밀어 넣으려는 행동은 과한 반응이죠. 이렇듯 분노의 역치가 낮을 때는 잠시 멈춰서 생각해봐야 합니다. 이 분노는 어디에서 왔을까, 과연 누구의 소유일까에 관해서 말이죠.

분노를 바라볼 때 '아이가 말을 안 들어서', '입맛이 까다로워서'로 끝맺는다면 마음의 지도를 넓히기 어렵습니다. 반면, 물음의 방향을 '나'로 바꾼다면 분노로부터 배워갈 수 있습니다. '지금 나는 무엇을 두려워하고 있는지', '유독 나는 왜 이것을 견딜 수 없는지', '내가 무엇을 원하는지', '그것은 내 삶에서 어떤 방식으로 반복되어 왔는지'와 같은 질문을 이어갈 때 비로소 내가 어떤 도화선을 쥔 채로 살아왔는지 손바닥을 열어 확인할 기회를 얻게 됩니다.

오래된 분노를 대할 때는 견지망월見指忘月을 기억하세요. 손가락을 보지 말고 달을 보라는 뜻입니다. 분노 자체가 손가락이라면, 달은 더 본질적인 것이죠. 그것이 나에게 더 중요한 이유를 헤아려 봐야 합니다.

오늘 나는 무엇에 분노했나요?

지금 나는 무엇을 두려워하고 있습니까?

내가 유독 그것을 견디기 어려워하는 이유는 무엇입니까?

그 분노와 두려움이 내게 말해주는 것은 무엇입니까?

그 욕구를 가졌다는 것은,

내가 무엇을 중요하게 생각한다는 뜻일까요?

과거의 삶에서 그것이 필요했던 이유가 있었나요?

그게 무엇인가요?

과거의 경험이 현재의 삶에 어떤 영향력을 미치고 있습니까?

나를 닮거나,
나와 너무 다르거나

"엄마… 나 때문에 기분 안 좋아요?"

"너 엄마가 한 친구랑만 놀지 말라고 했잖아."

"…."

"엄마 말 잘 들어. 많은 친구들하고 노는 게 좋은 거야. 그래야…."

"…."

코칭에서 만났던 엄마는 자꾸만 위와 같은 대화를 반복하게 된다며 도움을 요청했습니다. 아이가 유달리 한 명의 친구하고만 놀고 싶어 한다고요. 여러 친구들과 어울리는 것을 좋아하지 않고, 친구들이 많이 모여 있으면 이야기도 잘 안 하고, 무리로부터 떨어져 있으려 한답니다.

"아이가 한 친구하고만 놀 때 어떤 감정이 드나요?"

"걱정되죠. 사회성에 문제가 있는 것은 아닌가 싶으니까요."

"그럴 수 있죠. 아이가 친구랑 일대일로 놀 때는 어떤 모습인가요?"

"그럴 때는 잘 놀아요. 평소처럼 까불고 활발해요…."

"집단에서는 불편감을 경험하지만, 또래 관계에서는 사회성에 어려움이 있다고는 느껴지지 않는데요. 한 친구만 찾을 때 엄마의 마음이 자극되는 이유가 있을까요?"

"그게… 저처럼 나중에 인간관계가 힘들어질까 봐요…."

대화는 아이의 사회성에 대한 염려로 시작됐지만, 어느새 엄마는 자신의 경험을 털어놓고 있었습니다.

그녀는 어릴 때부터 친구를 잘 사귀지 못했습니다. 내성적인 기질이기도 했고, 많은 사람들 속에 있으면 불편하고 불안해졌습니다. 친구들이 자신을 별로 좋아하지 않을 것 같다고 생각했지요. 그래서인지 중·고등학교 시절에는 단짝하고만 어울렸고, 지금도 많은 사람들이 주목하는 상황이 되면 긴장을 하곤 합니다.

성인이 되어 사회생활을 하는 지금까지도 인간관계를 맺는 일은 그녀에게는 불편하고 어려운 과제입니다. 처음 만나는 사람과도 금세 친해지고 활기차게 대화를 이끌어가는 사람을 볼 때마다 신기하고 부럽고, 그와 비교해서 자신은 조금 부족한 사람처럼 느껴져서 기가 죽습니다.

그래서 그녀는 '내 아이만은 달랐으면' 하고 바랐습니다. 어디서나 자연스럽게 사람들과 어울릴 수 있었으면 했죠. 외향적이고 사교성 많은 사람이 되도록 이런저런 경험도 많이 시켜줬습니다.

하지만 크면 클수록, 딸은 자신을 닮았습니다. 다르게 키우고 싶은데, 자신과 같은 면을 발견할 때마다 마음이 힘들어집니다. 소심한 아이를 자꾸 더 몰아붙이며 화를 내게 됩니다.

모르는 척하며 살고 싶었던 나의 부분, 내가 싫어하는 나의 일면들을 아이를 통해 보게 될 때 많은 엄마들은 힘들어 합니다. 그 모습을 볼 때마다 걱정과 불안, '내 탓인가' 싶은 좌절감이 몰려오고, 과거에 자신이 느꼈던 부정적인 감정들까지 그대로 재생되기 때문이죠.

그런가 하면, '나를 닮아서'가 아니라 '나와 너무 달라서' 괴로운 엄마들도 있습니다.

"엄마가 학교 다녀오면 가방 제자리에 두라고 했지?"
"아, 맞다~!"
"그리고 만화책 보기 전에 뭐 하라고 했어!"
"뭐요?"
"알림장부터 보라고!"

"네네~ 내용 다 알아요~."

"꼼꼼하게 확인해야지!"

아이가 자신과 너무 달라서 이해하기 힘들다고 하소연하던 그녀는, 누가 봐도 꼼꼼하고 계획적인 사람입니다. 코칭에 올 때도 일자를 미리 체크하고, 예약 시간보다 일찍 도착합니다. 코칭 과제도 약속된 날짜가 되기 전에 빠짐없이 보내옵니다. 빈틈이 느껴지지 않는 사람입니다. 말을 할 때도 정확한 표현을 사용하려고 애쓰고 작은 행동들까지 야무집니다.

"가방을 제자리에 두지 않는 아이를 보면 어떤 생각이 드세요?"

"또 저러네. 그 정도도 제대로 못 하나. 한심하기도 하고요."

"아이의 성향은 어떤 것 같으세요?"

"그냥 한없이 편해 보여요. 될대로 되라 식으로 행동하면서도 스스로는 전혀 불편해하지 않는 아이…."

"그런 행동이 엄마의 마음을 불편하게 하네요."

"네… 제가 일일이 다 가르쳐야 하니까요."

"만약 엄마가 가르칠 수 없다면 어떤 일이 생길까요?"

"자기 앞가림은 스스로 해야 하잖아요. 뒤치다꺼리해줄 사람 없어도 잘살 수 있도록. 제가 그랬거든요."

그녀는 어릴 적, 맞벌이인 부모님 대신 할머니와 함께 살았습니다. 할머니는 따뜻한 분이셨습니다. 그러나 연세가 많고 지병이 있으셔서 어린 손녀를 충분히 돌보기엔 어려움이 많았죠.

"할머니 힘들지 않도록 네가 알아서 잘해야 한다."

그녀는 어릴 적부터 자기 앞가림은 스스로 했습니다. 학교 준비물도, 숙제도 알아서 혼자 챙겼습니다. 어른들은 그런 그녀를 '손이 가지 않는 아이'라고 불렀죠.

자라면서 돈, 사람, 일 때문에 힘든 일들이 더 많았지만, 그때마다 그녀는 특별히 누구의 도움도 구하지 않고 혼자 해결했습니다. 그런데 웬걸, 아이를 낳고 키우면서 보니, 이 아이는 자신과는 너무 다릅니다. 제 나이에 비해 제대로 하는 것이 거의 없어 보이고, 스스로 하지 않으면서 조금만 안 되면 포기하려 하고 엄마에게 의지합니다. 그리고 그녀는 그 모습을 볼 때마다 어쩐지 화가 치밀어 오릅니다.

엄마는 꼼꼼한데 아이는 털털할 때, 엄마는 웬만하면 참고 남을 배려하는 성향인데 아이는 하고 싶은 말이 있을 때마다 무조건 표현하는 성향일 때… 이렇게 엄마와 아이의 성향이 너무 다르면 그 다름의 에너지를 조율하는 과정에서 힘이 많이 듭니다.

게다가 앞의 사례처럼, 어릴 때의 성장배경이 엄마의 생활습관 형성에 특별한 영향을 미쳤다면 자신과는 다른 아이를 볼 때마다 이해 안 되는 것을 넘어서서 억울함이 생길 수 있죠.

'이렇게까지 해주는데 넌 왜 못하니? 나 어렸을 때는…'

내 아이를 제대로 보려면

앞의 두 사례에 나온 엄마들의 공통점은, 아이의 특성을 자신과 연결시켜서 생각한다는 점입니다. 아이의 행동과 기질을 아이가 지닌 고유한 것으로 보지 않고, 자꾸 자신의 한 단면 혹은 자신이 겪었던 과거 상황과 연결시킵니다. 즉 이룰 수 없었던 자신의 좌절된 욕구를 아이에게 투사하고 있는 것이지요.

분석심리학자 융은 '부모가 살아보지 못한 삶'이야말로 아이가 짊어져야 하는 가장 큰 짐이라고 말했습니다. 부모들은 무의식적으로 자신이 원했지만 가질 수 없었던 삶의 형태를 아이에게 강요하게 된다는 의미죠. 그는 그에 대한 해결책으로, "부모가 자신에게 '살아보지 못한 삶'이 있다는 것을 아는 것이야말로 아이에게 물려줄 수 있는 최고의 유산이다"는 말을 남겼습니다. 즉 부모가 '자신의 좌절된 삶의 욕구를 이해하고, 그것이 아이의 것이 아니라 나의 것임을 인식하는 것' 그 자체가 투사의 고리를 끊는 시작점이라고 말한 것이죠.

자녀의 어떤 특성이 못마땅하고 그것에 대해 자꾸 지적하게 된다면 '나의 살아보지 못한 삶'이 그것에 영향을 미치고 있지는 않은지, 만약 그렇다면 그 욕구의 핵심은 무엇인지 스스로에게 질문해보세요. 아이에게 자꾸 반복해서 하는 그 말이 실상은 '자신'에게 하고 싶었던 말일 수도 있습니다.

엄마가 자신의 역사를 이해하고, 과거에 만들어진 결핍의 그림자를 마주보는 것은 아이의 고유한 존재감을 지켜주기 위해 꼭 필요한 과정입니다. 마음속에 묻어두었던 자신의 그림자를 받아들이고 인정하고 화해하는 것을 시작하면 자녀를 자신의 그림자에 가두는 과오를 피할 수 있습니다. 그리고 그 과정이 끝날 즈음에는 엄마 곁에서 자신만의 빛으로 반짝이는 아이를 발견할 수 있게 될 것입니다.

> **말 그릇을 키우는 질문**
>
> 아이는 당신의 어떤 점을 닮았나요?
> 그것이 어떻게 느껴집니까?
> 그것은 당신에 관해 무엇을 말해주나요?
>
> 혹은,
>
> 아이는 당신과 어떤 점이 다른가요?
> 그것이 어떻게 느껴집니까?
> 그것은 당신에 관해 무엇을 말해주나요?

말 그릇이 큰 엄마들의
세 가지 특징

우리는 지금까지 엄마의 말에 영향을 미치는 '마음'에 관해 이야기했습니다. 잠깐 멈추어서 마음의 속도를 조절하고, 마음을 단단하게 다지고, 마음의 그림자를 살펴봄으로써 현재에 집중하는 것에 대해 살펴봤습니다.

저는 이렇게 마음을 깊게 바라봄으로써 시야를 멀리까지 두고 대화하는 사람, 내면을 단단하게 함으로써 따뜻한 말을 드러내는 사람, 나의 과거를 반복하는 게 아니라 지금 이 순간에 필요한 대화를 하는 엄마들을 '말 그릇이 큰 사람들'이라고 부릅니다. 그들에게는 세 가지 공통점이 있습니다.

일단, 외부 자극에 습관적으로 끌려가는 대신 자신이 가진 '무

48

엄마의
말 그릇

의식적인 반응 패턴'을 인식합니다. 어린 시절의 환경, 부모와의 관계, 인간관계 형태, 인생의 크고 작은 사건들을 겪으면서 사람들은 저마다 자신만의 반응 패턴을 만들게 됩니다. 그 패턴은 사람마다 다르고, 그렇기 때문에 같은 자극 상황에 대해서도 서로 다른 반응을 보이곤 하지요. 불안과 분노를 느끼는 상황이나 강도도 다르고, 그것을 표현하는 방식과 세기도 다릅니다. 그뿐만이 아니죠. 추구하는 삶의 태도와 형태도 다릅니다.

혼자였을 때는 이러한 반응 패턴을 고수해도 별 문제가 없었을지 모릅니다. 오히려 상황에 대처하고 적응하는 데 도움이 되었을지 모르죠. 하지만 아이가 태어나면서부터 이야기는 달라집니다. 내게서 태어났으면서 내가 아닌 유일무이한 존재, 그런데도 어른이 될 때까지 내가 기르고 돌봐야 하는 존재가 곁에 있기 시작하면서부터 이전처럼 무의식적으로 느끼고, 해석하고, 말하고, 행동하는 것이 자꾸 문제를 불러옵니다.

이럴 때, 말 그릇이 큰 엄마는 버튼보다는 다이얼을 사용합니다. 외부 자극이 왔을 때 무조건적으로 눌리기보다는, 먼저 자신의 특정한 반응 패턴을 인식하고 조절할 줄 압니다. 마음이 자동적인 감정과 생각으로 꽉 차 버리게 놔두지 않습니다.

두 번째, 말 그릇이 큰 엄마는 많은 말을 하는 대신 스스로 깨

어 있는 연습을 합니다. 자신의 반응 패턴을 인식한다고 해서 마음과 말의 변화가 지속되지는 않습니다. 변화를 이어나가려면 자신의 반응 패턴이 건드려지는 그 순간을 알아차리는 연습이 필요합니다. 일명, '마음챙김'이라고 하는 것이지요.

일상에서 나누는 대화를 생각해볼까요. 우리는 특별한 인식이나 살핌 없이 말을 주고받습니다. 하지만 마음챙김을 연습한다는 것은, 대화를 하는 동안 자신의 내면에서 일어나는 일들을 좀 더 예민하게 관찰한다는 뜻입니다. 습관적으로 반응하기에 앞서 '어, 잠깐만. 지금 무슨 상황이지? 내 마음 안에서 무슨 일이 벌어지고 있지? 지금 뭐라고 말해야 하지?'라고 의식의 스위치를 켜놓는 것이죠.

카밧진 부부가 공동으로 쓴 《부모 마음공부》[*]라는 책에 이런 구절이 있습니다.

"부모가 만성적인 자동 반응에 빠져 허둥대면 소로가 말한 '활짝 꽃핀 현재 순간'을 만날 수 없습니다."

저는 '활짝 꽃핀 현재 순간'이라는 표현이 참 좋습니다. 아이들이 티 없이 활짝 웃을 때를 떠올려보세요. 입을 쭉 내밀고 무언가에 집중할 때나 장난기 어린 눈으로 올려다 볼 때, 그 모습을 가만히 바라보고 있노라면 세상 그 어떤 꽃보다 귀하고 예

[*] 《카밧진 박사의 부모 마음공부》, 존 카밧진·마일라 카밧진 공저, 마음친구

쁘게 느껴집니다. 이렇게 아름다운 현재의 순간을 포착하려면 의식의 스위치를 켜고 있어야 합니다.

한 번의 실수도 용납하지 않겠다는 뜻은 아닙니다. 그보다는 나의 무의식을 경계하겠다는 마음가짐입니다. 과거의 그림자를 더 의식함으로써 아이와의 아름다운 현재를 더 누리겠다는 다짐인 셈입니다.

세 번째, 말 그릇이 큰 엄마는 탓하거나 변명하는 대신 새로운 언어를 다시 배웁니다. 반응 패턴을 인식하고 그것이 작동하는 순간을 인지했다면, 이제는 건강한 표현법을 새로 배워야 합니다.

단호하게 말하는 게 어색한 엄마라도 아이를 가르쳐야 할 상황이라면 분명한 가이드를 줘야 하는 법이죠. 칭찬이 낯선 엄마라도 아이를 격려하며 '엄마도 정말 기쁘네. 축하해'라고 말해줄 수 있어야 합니다. 화가 나기만 하면 속사포처럼 말을 쏘아댔던 엄마라도, '지금은 너무 화가 나니까, 이따 다시 이야기하자'라고 말할 수 있어야 합니다.

엄마가 사용해야 할 '언어'는 따로 있습니다. 그렇기 때문에 노트가 필요하죠. 아이와의 관계에서 사용할 만한 단어들과 문장을 익히고, 노트에 정리해서 반복적으로 연습해봐야 합니다. 동시에 '다음에는 이렇게 말해봐야지' 하는 표현을 정리해서 자신만의 표현법을 만들어볼 수도 있습니다.

말 그릇이 큰 엄마의 세 가지 특징

첫 번째 특징: 무의식적인 반응 패턴을 이해하고 조절합니다.

두 번째 특징: 깨어 있는 연습을 합니다.

세 번째 특징: 새로운 언어 표현을 배웁니다.

변화는 나로부터

"어떻게 말해야 아이가 제 말을 들을까요?"

코칭 과정에서 종종 듣게 되는 질문입니다. 예쁘게 말하는 방법을 알려 달라는 요청을 받으면, 저는 "그럼으로써 무엇을 얻고 싶으세요?" 하고 다시 묻습니다. 이때 "그러면 아이가 좀 순해지지 않을까요. 제 말에도 잘 따르고요"라는 답이 돌아오면, 저는 솔직하게 "제가 도울 수 있는 것은 어머니의 변화입니다"라고 말합니다.

엄마의 말이 변하면 아이와의 관계가 달라지는 것은 분명합니다. 하지만 그것이 아이의 성격을 개조하거나 엄마가 원하는 방향으로 끌고 갈 수 있다는 뜻은 아닙니다. '나의 말 그릇 키우기'에 집중해서 얻을 수 있는 것은, 바로 이전보다 한층 편안해진 '내 마음 상태'입니다. 자신을 더 이해할 수 있게 되

엄마의
말그릇

고 자신의 존재를 온전히 인정할 수 있게 되는 것이죠.

더불어 나의 감정과 아이의 감정을 분리해서 바라봄으로써 아이와의 사이에서 건강한 거리감을 되찾고, 불필요한 말을 줄이면서 사랑과 신뢰, 존중의 언어를 배울 수 있게 되죠.

이렇게 부모가 이전과 다르게 느끼고, 생각하고, 말하게 되면 당연하게도 아이 역시 자연스럽게 변화하기 마련입니다. 즉, 내가 변하면 아이도 변합니다.

엄마 자신을 위한 변화를 먼저 시작해보세요. '최선의 나'가 되어 보자고 다짐하며 조금씩 다른 선택을 해보는 겁니다. 그것이 우리가 할 수 있는 가장 확실한 노력이자 아이에게 해줄 수 있는 최고의 선물입니다.

이제, '엄마의 말 그릇 키우기'를 본격적으로 연습해볼 차례입니다. 그 값진 여정이 다음 장에서 시작됩니다.

2부

엄마의 말 그릇

엄마의 말 그릇
키우기

말의 대물림 멈추기

부모의 말이
지나간 자리에는

바다의 썰물이 지나간 자리에는 결이 남습니다. 물은 이미 빠져 나갔지만, 모래바닥에는 물결에 흔들린 자국들이 선명하게 기록되어 있죠. 마찬가지로 우리의 마음속에는 부모의 흔적이 아로새겨져 있습니다. 이제 다 자라서 아무렇지 않을 것 같지만, 마음의 바닥에는 우리의 보호자가 남긴 흔적들이 여전히 존재하죠. 취향이나 습관, 말투에 이르기까지 그 흔적은 곳곳에서 발견됩니다.

그뿐만이 아니죠. 부모로부터 계속해서 주입된 어떤 말들은 한 사람의 세계를 구축하는 데 결정적인 영향을 끼치기도 합니다. 자아상自我像, self-image, 그러니까 자기 자신에 대한 느낌이나 이미지를 만들어가는 과정에 커다란 흔적을 남기게 됩니다.

40대 수진 씨는 딸이 좀처럼 대화를 하지 않는다며 코칭을 요청해왔습니다. "언제부터였다고 생각하세요?"라는 질문에 초등학교 5학년 때 있었던 일을 들려줍니다.

학원에 갔던 아이가 울면서 집에 들어온 날이라고 했습니다. 내성적이고 자기 표현이 적던 아이가 소리 내 울며 들어오니 수진 씨는 무척이나 놀랐다고요. 아이의 우는 모습을 본 순간 그녀는 '어떻게 대처해야 할지 몰라 머릿속이 하얗게 됐다'고 했습니다.

"무슨 일이야! 어서 말해봐."
"친구가… 놀렸어요…."
"뭐라고 놀렸어!"
"…."
"빨리 말해! 애들이 뭐라고 했기에 울어!"
"…."
"바보같이 가만히 있으면 어떡해! 그렇게 약해 빠지면 다 우습게 본단 말이야!"

아이가 입을 꾹 다물자, 그녀는 학원에 전화를 걸어 자초지종을 확인했습니다. 한 친구가 딸을 놀렸던 모양입니다. 학원에서 책임을 지고 주의를 주겠다는 다짐을 받고서야 그녀는 겨우 흥분을 가라앉힐 수 있었습니다.

"그때 엄마의 모습을 보면서 아이는 무엇을 느꼈을까요?"
"자기보다 엄마가 더 힘들어 한다고 느꼈을 것 같아요."

자녀가 울면서 돌아오면 엄마들은 가슴이 철렁 내려앉게 마련입니다. 오만가지 안 좋은 상상이 머릿속을 파고들죠. 게다가 아이가 제대로 설명조차 못하면 불안감은 점점 높아집니다. 그런데 수진 씨의 반응은 조금 과한 감이 있습니다. 분노라는 감정에 완전히 압도되어 딸의 마음과 입장을 살피질 못했죠. 우리는 그녀가 왜 이렇게 갑작스럽게 감정적 상황에 빠져들었는지 알기 위해서 몇 가지 작업을 함께 진행했습니다.

가족구성원들의 관계와 특징을 보여주는 가족그림 그리기, 타고난 기질과 성격을 확인하는 TCI Temperament and Character Inventory 검사, 비어 있는 서술어를 완성시킴으로써 생각의 구조를 살펴보는 문장완성 검사, 나와 세상을 바라보는 관점을 살펴보기 위한 초기회상분석 등을 통해서 더 많은 이야기를 나누었습니다.✦ 그리고 그 과정에서 하나의 특징적인 스토리

✦ 해당 검사들은 자격을 갖춘 전문가를 통해 실시하기를 권합니다.

가 모든 주제와 문장을 관통하고 있다는 것을 발견했습니다.

수진 씨에게는 언니가 있었습니다. 어릴 때부터 당차고 야무졌죠. 그에 비해 수진 씨는 존재감이 희미했습니다. 키도 작고 몸도 약한데다, 말하는 것도 어딘가 허술하고 혼자 잘 울곤 했죠. 그런 그녀에게 엄마는 종종 이렇게 말했습니다.

"쟤는 나약해 빠졌어. 어디다 쓸까 몰라."

"에그… 애가 부실해서 제대로 하는 게 없어."

엄마가 반복해서 들려준 이 말은 수진 씨의 마음에 새겨지고 말았습니다. 원래 타고나길 내성적이고 예민하며 불안감이 높았던 그녀는, 엄마의 말로 인해 더욱더 움츠러들었습니다. 새로운 상황에 놓이거나 낯선 사람을 만날 때면 불편함을 느꼈고, 관계에 대한 의존성도 높아졌습니다. 게다가 그럴수록, 수진 씨의 이러한 특성은 가족 내에서 문제로 인식되었죠.

자라는 내내 그녀는 사람들 사이에서 제 목소리를 내기 힘들어했고, 자기주장을 하거나 상대방이 듣기 싫어할 것 같은 말을 할 때면 '이렇게 말해도 되나' 싶어 주저하게 됐습니다. 나를 드러내야 할 순간에도 안으로 숨고 말았죠.

그런데 그러면서도 수진 씨의 마음속에는 자꾸만 화가 쌓였습니다. 참고 넘어가니까 사람들이 자신을 우습게 보는 것만 같았죠. '저 사람도 나를 얕잡아 보고 무시하나' 싶은 생각도 들었고요. 그러다가 별안간 뜬금 없는 순간에 마음속에 쌓

엄마의
말그릇

여 있던 분노가 터져나왔습니다. 그럴 때마다 직장 동료나 친구들은 수진씨의 과한 감정에 당혹감을 감추질 못했죠.

아이와의 관계에서도 비슷한 메커니즘이 작동되고 있었습니다. 평소에 수진 씨는 큰소리를 내는 편이 아니었습니다. 오히려 애매하게 돌려 말하느라 아이에게도 분명한 지침을 주지 못했죠. 갈등 상황에서 감정을 인식하는 것도 어려워 했고 '서운해', '불편해', '싫어'와 같은 감정은 참았습니다. 하지만 인내심이 한계에 다다르면 결국 그 모든 감정을 고약한 말로 쏟아내고 말았죠.

친구의 놀림 때문에 울먹이던 아이를 보면서도 수진 씨는 엄마의 위치에 서 있지 못했습니다. 딸이 자신의 품에서 실컷 울 수 있도록, 속상함과 억울함을 쏟아내도록 기다려 줄 수 없었습니다. 수진 씨의 상처에 이미 불이 붙어버렸으니까요. 스스로에 대한 분노와 좌절감, 딸이 자신처럼 살면 어쩌나 하는 걱정과 두려움으로 가득 찬 그녀의 마음속에는 이미 딸이 들어갈 자리가 없었던 것입니다.

내 마음속에 숨어 있는
자아상

말의 대물림이란 이렇게 이어집니다. 부모에게서 받은 부정적인 말의 영향력은 마음속 가장 깊은 곳에 숨겨져 있습니다. 아이를 임신하고 출산하고… 아이의 생존에 에너지를 쏟을 때에는 잠깐 동안 그 존재를 잊어버리기도 합니다. 그러다가 아이가 점점 자라서 움직이고, 말을 하고, 자신만의 주장을 하기 시작하면 그 영향력 역시 조금씩 모습을 드러냅니다.

나는 이제 어른이 되었고, 상황은 바뀌었는데 부모로부터 받은 이미지는 그대로 남아 있습니다. 내가 부모에게서 받은 방식대로 아이에게 말하고 또 상처를 줍니다. 내가 받은 부정적인 말들이 내 아이에게로 또다시 흘러들어갑니다.

앞의 사례에서 보았던 수진 씨의 어머니는 강자가 대우받

엄마의
말 그릇

고, 약자는 무시당하는 세상에서 살았습니다. 그래서 딸들이 강해지기를 바랐습니다. 자기 목소리를 똑 부러지게 내고, 다른 사람들 앞에서 뒷걸음질치지 않도록 가르치고 싶었죠.

수진 씨는 그런 엄마의 말 아래서 길들여졌습니다. 고요하고 조심스러운 내면을 가진 자신을 수용하지 못하고, 엄마가 자신을 마뜩잖은 딸로서 바라보는 것처럼 자신을 바라보게 되었죠. 그리고 그 자아상이 지금 수진 씨의 아이에게까지 이어져 또다시 비슷한 파장을 만들어내고 있었습니다.

이러한 고리를 끊는 첫걸음은 자신 안에 부모의 영향으로 만들어진 자아상이 있다는 것을 알아차리는 것입니다. 그것이 나에게 어떤 영향을 미치고 있으며, 어떤 순간에 그것이 작동되는지를 인식해야 합니다. 그리고 외부에 대한 원망보다는 그런 영향을 받았지만 여전히 따뜻한 자신의 내면을 바라보고 이해하는 데 더 많은 시간을 들여야 합니다.

그리고 자신이 들었던 말을 아이에게 다시 반복하지 않도록 노력해야 합니다. 통제의 언어를 들으며 자랐다고 해서 "잔말 말고 시키는 대로 해!"라고 습관적으로 말하지 않아야 합니다.

반대로 부모와는 다른 사람이 되겠다며 지나치게 허용적이고 방관적인 태도를 보이는 것 역시 조심해야 합니다. 과거의 영향력에서 적절히 중심을 잡으며 아이를 바라보는 것이야말로 말의 대물림을 끊어내는 현명한 엄마의 태도입니다.

나는
괜찮은 사람이다

수진 씨는 몇 번의 만남을 갖는 동안 많이도 울었습니다. 여기까지 찾아온 자신이 대견하고 그동안 스스로를 미워하기만 한 것 같아 미안한 마음도 든다고 했습니다. 또 한편으로는 아버지 대신 억척스럽게 가정을 이끌어야만 했던 엄마에 대한 안쓰러움도 생겼습니다.

그만큼 자주 웃기도 했습니다. 부모가 기대한 대로 살지 않아도 된다는 것에 자유로움을 느꼈고, 잘못된 자아상을 거부함으로써 아이에게 그 영향력을 끊을 수 있게 된 것에 안도감을 느꼈죠.

이후로 그녀는 대화 훈련을 성실히 해나갔습니다. 대화에

엄마의
말그릇

서 발생하는 실수의 순간들을 포착하고 기록했습니다. 그 말들이 어떤 과정을 통해 만들어졌는지 살펴보면서 자신의 감정, 욕구, 생각, 기대를 분석했죠. 동시에 아이의 행동 이면에 어떤 진심이 숨겨져 있는지 찾아보고, 질문하고, 격려하고, 요청하는 대화 기술들을 배워가면서 구체적인 상황에 필요한 말들을 연습했습니다.

일상에서 알아차림 연습을 꾸준히 해나가면서 습관적으로 감정을 무시하지 않기 위해 노력했습니다. 불편하다고 피하지 않고, 아이에게 해줘야 할 말을 제대로 하기 위해 한 걸음씩 앞으로 나아갔습니다.

"수진 씨, 지금 자신에게 어떤 말을 해주고 싶어요?"

"그저 괜찮다… 나는 괜찮은 사람이라고 말해주고 싶어요. 그게 저에게 가장 필요한 말이었어요."

무작정 자신을 바꾸려고 하기 전에 지금 이대로의 나에게 먼저 '괜찮다'고 말해주세요. 잘못된 자아상에 압도되지 않도록 자신의 존재를 먼저 인정해주세요. 부모의 평가와 관계 없이 나는 그냥 괜찮은 사람입니다. 완벽하진 않지만, 여전히 나약하고 부족한 면도 많지만 내 아이에게 괜찮은 엄마가 되는 것에는 아무런 문제가 없습니다.

모험을 추구하는 사람이나 안전을 추구하는 사람이나, 사람들을 좋아하는 사람이나 혼자 있고 싶어 하는 사람이나 모두 괜찮습니다. 내가 원래 갖고 태어난 기질에는 아무런 문제가 없습니다. 그것을 있는 그대로 받아들이고 안아주세요. 또 내 안의 어떤 면들은 부모를 닮은 부분도 있을 것입니다. 그것은 그것대로 '내게도 이런 면이 있었네' 하면서 받아들이면 됩니다. 그 모든 것이 당신이고, 당신의 자아상은 또 매일 새롭게 변화합니다.

그런 자신을 받아들이세요.

"나는 타고난 나의 특성을 존중합니다."
"나는 내 앞에 놓인 환경에 적응해서 살아남은 사람입니다."
"나는 나의 부모를 닮은 존재임과 동시에 또 완전히 새로운 존재입니다."
"나는 지금 이대로의 나를 받아들입니다."

이 문장들을 여러 번 읽어보세요. 그리고 눈을 감고 스스로에게 들려주면서 당신의 내면에서 어떤 감정이 피어나는지 느껴보세요. 아이를 낳고 키우는 일이 왜 그렇게 두렵고, 힘들고, 어려웠는지 그 이유를 문득 깨닫게 될지도 모릅니다.

류시화 시인은 자신의 책 《좋은지 나쁜지 누가 아는가》✦에

✦ 《좋은지 나쁜지 누가 아는가》, 류시화 저, 더숲

엄마의
말그릇

서 우리는 누구나 "넌 불완전해. 언제까지나 불완전할 수밖에 없어. 하지만 넌 아름다워"라고 이야기해줄 사람을 갈구한다고 했죠. 우리는 이 말을 나 자신에게도 충분히 들려줘야 합니다.

지금, 나에게 한번 말해보세요.
"나는 불완전해. 언제까지나 불완전할 수밖에 없어. **하지만 나는 아름다워.**"

가족 그림 그리기

나의 원가족(엄마, 아빠, 형제자매 등)을 그림으로 표현해보세요.
그림에 정해진 방식은 없습니다.
사람으로 그려도 좋고, 동물, 식물, 사물 그 어떤 것으로
표현해도 좋습니다.
마음 가는 대로 그려보세요.

엄마의
말그릇

가족그림 그리기가 끝나면,
아래의 질문을 통해 '나'를 발견해보세요.

① "그림 속 가족들은 어떤 모습인가요?(가족 구성원들을 한 명씩 묘사해
   보세요.)"

② "가족 구성원 옆에 말풍선을 하나씩 그려봅니다. 그리고 가장 먼저
   떠오르는 말을 각각 적어보세요. 어떤 말을 적었나요? 그 말은 그 가
   족에 대한 어떤 특징을 보여주고 있습니까?"

③ "그림 안에서 가족들은 나를 어떻게 바라보고 있나요?"

④ "나는 가족 내에서 어떤 역할을 맡고 있습니까?"

⑤ "그림 속의 나는 나 자신을 어떻게 생각하고 있습니까?"

⑥ "어릴 적에 부모님에게서 자주 들었던 말은 무엇이었나요?"

⑦ "그 말을 들으면 어떤 느낌이 들었나요?"

⑧ "그 말들이 지금의 나에게 어떤 영향을 미쳤다고 생각합니까?"

⑨ "그 말들이 지금의 상황과 어떤 연관이 있을까요?"

⑩ "부모님께 꼭 듣고 싶었던 말이 있다면? 그 이유는 무엇인가요?"

내면의 대화 패턴 익히기

실패한 대화를 통해
알 수 있는 것

우리는 누군가를 사랑할 때 숨겨두었던 자신의 다른 면모를 발견하곤 합니다. 강인함 뒤의 부드러움, 혹은 강렬한 소유욕과 집착의 일면을 알게 되기도 하죠.

동시에 타인을 향해 공격성을 드러내는 순간을 통해서도 자신을 더 깊게 이해하게 되기도 합니다. 내게 중요한 욕구와 가치, 기준들이 무엇인지를 알게 되고, 두려움의 실체와 방어 본능 같은 내면의 구조들을 깨닫게 되죠.

대화를 통해서도 비슷한 과정을 경험할 수 있습니다. 물 흐르듯 자연스러운 대화를 이끌어 가는 순간에는 자신의 매력적인 면모를 발견하게 되지만, 실패한 대화를 통해서는 전혀 다른 면을 알게 됩니다. 갈등을 증폭시키고, 감정에 휘둘리고, 후회할 말을 내뱉고, 관계를 망치는 말을 쏟아낼 때 자신도 몰랐던 자신의 또 다른 면을 발견하게 되죠.

그중에서도 특히 감정 버튼이 눌리는 지점을 저는 역설적이게도, '스위트 스팟sweet spot'이라고 부릅니다. 원래 스위트 스팟은 음악을 감상할 때 가장 좋은 소리를 들을 수 있는 위치를 뜻합니다. 하지만 대화에서만큼은 대화를 어그러뜨리는 그 지점이야말로 자신의 숨겨진 내면과 마음을 살필 수 있는 최적의 스위트 스팟입니다.

스위트 스팟을 통해 우리가 배울 수 있는 것은 두 가지입니다. **'그것은 나에 대해 무엇을 말해주는가?'** 그리고 **'다음에 같은 상황이 온다면 어떻게 다르게 말할 수 있을까?'**

유난히 더웠던 어느 날이 떠오릅니다. 남편이 전담해서 아이들을 돌보기로 한 날이었죠. 저는 온라인 수업 때문에 방 안에 꼼짝없이 앉아 있어야 했으니까요. 그런데 아까부터 큰 아이의 짜증 소리가 방문을 비집고 들어옵니다. 속으로 '또 독서록 때문이군' 싶었습니다.

'남편이 알아서 하겠지' 하면서 몇 번이나 숨을 삼켰습니다. 하지만 자꾸 신경이 쓰여 집중력이 흐트러집니다. 아이는 동생에게 화풀이를 하고, 아빠에게도 목소리를 높여 대드는 것 같았습니다.

점심시간이 되어 잠시 거실로 나왔을 때, 큰 아이는 그때까지 거실 테이블 의자를 발로 툭툭 치면서 하기 싫다는 말을 반복하고 있었고, 독서록 노트의 한쪽 면은 텅 비어 있었죠. 그 순간 제 입에서는 예정에도 없던 말이 분수처럼 쏟아졌습니다.

"지금 뭐 하는 거야! 독서록 하나 쓰면서, 그게 뭐 그렇게 대단한 거라고! 짜증 난다고 가족들을 왜 이렇게 힘들게 해! 네가 한 행동을 보라고!"

불편한 감정이 뜨거운 불 위에 방치된 기름처럼 사방으로 튀어 나갑니다. 뭔가 더 긴 말을 했던 것 같은데 기억나지 않는 걸 보면, 시끄러운 제 속을 비워내려고 마구잡이로 말들을 내던졌나 봅니다. 엄마의 급발진에 놀란 아이는, 그제야 훌쩍거리면서 독서록을 쓰기 시작합니다.

한껏 소리를 지르고 자리로 돌아왔지만 열이 가시질 않았습니다. 그러다가 얼마 전에도 독서록 때문에 그렇게 언성을 높였던 것을 기억해냈죠. 저의 스위트 스팟을 알아챈 것입니다.

'자꾸 같은 곳에서 감정이 무너지는 이유는 뭘까?'
'이것은 나에 관해 무엇을 알려주고 있나?'
'다음에 다르게 반응하려면 무엇을 해야 할까?'

자극과
반응 사이

일단 대화가 어그러졌던 그 순간을 객관적으로 쪼개서 바라봐야 합니다.

이렇게 비유해보면 어떨까요. 우리는 걸을 때 특별히 몸을 의식하지 않습니다. 그런데 만약 의사가 '걷는 자세를 바꿔야 한다'고 말하면 이때 가장 먼저 해야 할 것은, 현재 나의 걸음걸이를 살피는 일입니다. 특히 '걷기'라는 하나의 큰 움직임을, 작은 동작으로 나누어서 분석해봐야 하죠. 어떤 발을 먼저 내딛는지, 착지할 때는 발바닥의 어느 부분이 먼저 닿는지 등을 한 번에 하나씩 관찰해야 합니다.

말도 이와 같습니다. 평소에는 의식하지 않고 대화를 하지

엄마의
말그릇

만, '대화 방식을 바꾸려고 한다'면 지금 내가 어떻게 말하고 있는지를 알아야 합니다. 특히 말이라는 큰 덩어리를 여러 개의 작은 부분으로 쪼개어 살펴볼 수 있어야 하죠.

이제 우리는, 앞서 다루었던 독서록 사건을 아래의 '내면의 대화 체인 분석시트'를 참고해서 체계적으로 정리해볼 것입니다.

일단 촉발사건과 행동반응, 결과를 차례대로 정리합니다.

① 불편한 상황을 촉발시킨 사건 (일어난 일을 관찰한 대로 작성)

→ 큰 아이가 독서록을 쓰기 전에 '하기 싫다'는 말을 하면서 책상을 툭툭 찼다.

동생, 아빠와 언성을 높이며 대화했다. 그 소리가 방 안까지 들려왔다.

아이는 점심시간까지 독서록을 쓰지 않았다.

② 나의 행동반응 (그때 내가 어떻게 했는지 관찰하듯이 작성)

→ 문을 열고 나와 아이가 독서록을 얼마나 작성했는지 확인했다.

한숨을 쉬었다.

"지금 뭐하는 거야! 독서록 하나 쓰면서, 그게 뭐 대단한 거라고!" 하며

소리쳤다.

③ 결과 (위의 행동반응이 나와 상대방, 그때의 상황에 어떤 영향을 미쳤는지 관찰한 대로 작성)

→ 아이가 울면서 독서록을 쓰기 시작했다.

나는 자리에 돌아왔으나 수업에 집중할 수 없었다.

흥분이 쉽게 가시질 않았다. 속상하고 후회스러웠다.

촉발사건과 행동반응, 결과를 작성할 때는, 주관적인 평가보다는 객관적으로 관찰한 것들 위주로 적어야 합니다. 예를 들어 '기분 나쁘다고 짜증을 부리며 가족들을 괴롭혔다'는 문장에는 엄마의 평가와 판단이 들어가 있습니다. 그러나 '쓰기 싫다는 말을 하면서 책상을 여러 번 발로 찼다'는 문장에는 청각적, 시각적인 정보들만 들어 있죠. 이렇게 객관적으로 상황을 묘사하는 연습은, 상황을 있는 그대로 바라보는 데도 좋은 훈련이 됩니다.

일단 이것을 작성하는 것만으로도 내가 무엇에 예민한지, 언제 대책 없이 감정버튼이 눌리는지 알 수 있고, 그럴 때 어떤 식으로 행동하는지도 알게 됩니다. 비난, 비교, 경멸, 협박 중에서 어떤 말을 쏟아내는지, 자주 쓰는 비언어적 행동은 무엇인지 등의 구체적인 정보를 얻을 수 있습니다.

이제는 분석시트에 나와 있는 연결고리의 칸을 채울 차례입니다.

엄마의
말 그릇

내면의 대화 체인 분석

1. 촉발사건

큰 아이가 독서록을 작성하기 전에 '쓰기 싫다'는 말을 하면서 책상을 툭툭 찼다.
동생, 아빠와 언성을 높이며 대화했다. 그 소리가 방 안까지 들려왔다.
아이는 점심시간까지 독서록을 쓰지 않았다.

2. 행동반응

문을 열고 나와 아이가 독서록을 얼마나 작성했는지 확인했다. 한숨을 쉬었다. "지금 뭐하는 거야! 독서록 하나 쓰면서!! 그게 뭐 그렇게 대단한 거라고!" 하며 소리쳤다.

환경

온라인 수업에 참여하느라 주말까지 쉬지 못했다.

감각

얼굴에 압박감.
숨을 잘 쉬지 못함.
가슴이 답답.
어깨가 올라감.
손끝, 발끝에 힘이 들어감.

4. 연결고리

생각

'저렇게 자기 감정을 조절하지 못하면 어떡해!'
'독서록이 뭐 저렇게 힘든 일이라고 난리를 치는 거야!'
'아니, 도대체 아이도 케어 안 하고 뭐 하는 거야!'

감정

짜증스러움,
속상함,
걱정, 미안함,
원망, 억울함

아이가 울면서 독서록을 쓰기 시작했다.

3. 결과물

자리에 돌아왔으나 수업에 집중할 수 없었다. 흥분이 쉽게 가시질 않았다. 속상하고 후회스러웠다.

출처 Marsha Linehan, 변증법적행동치료

연결고리 작성하기

'연결고리'란 나를 불편하게 하는 외부의 자극stimulate과 나의 반응response 사이에서 일어나는 몇 개의 중간 단계를 말합니다.

분석시트에 나와 있는 것처럼 '촉발사건'과 '행동반응' 사이에는 일련의 과정이 존재합니다. 실제로는 너무 빨리 진행되어서 알아차리기 어렵지만, 말이 쏟아지기까지 우리는 '감각', '감정', '생각'의 단계를 거치게 됩니다. 그 단계들이 거의 동시다발적으로 영향을 미치면서 각각의 과정이 진행되죠.

감각은 두근거림, 열감, 따가움, 저릿함, 가슴 답답함 등 불편한 상황 속에서 일어나는 몸의 변화를 말합니다.

감정은 그 순간에 일어났던 심리적인 감정 변화들을 말합니다. 감정은 한 번에 하나씩 찾아오기보다는 한순간에 복잡한 형태로 찾아옵니다. 감정 연결고리를 분석하는 일은, 그 복잡한 감정들을 구별해내는 과정입니다. 자극에 관해 일어났던 감정들을 단어의 형태로 최대한 많이 표현해보는 게 좋습니다.

생각은 그때 자동적으로 떠올랐던 생각들을 말합니다. 불편한 자극을 만났을 때 머릿속에 어떤 생각들이 스쳐 지나갔는지 있는 그대로 작성합니다.

환경은 그 불편한 대화에 영향을 미쳤던 상황과 조건들을 뜻합니다. 그것은 외부 환경일 수도 있고, 나의 내면에 있는 내부적인 환경일 수도 있습니다.

이제, 독서록 사건에 대한 연결고리를 마저 작성해볼까요.

④ **감각**(그때 몸에서 어떤 감각이 느껴졌는지 작성해봅니다.)
→ 혈압이 높아지고 압박감이 느껴졌다.
　 숨을 잘 쉬지 못했고 가슴이 답답했다.
　 어깨와 손끝, 발끝에 힘이 들어갔다.

⑤ **감정**(그때 순간적으로 어떤 감정들을 느꼈는지 작성해봅니다.)
→ 짜증스러움, 속상함, 걱정, 미안함, 원망, 억울함

⑥ **생각**(그때 어떤 생각들이 자동적으로 떠올랐는지 작성해봅니다.)
→ '저렇게 자기 감정을 조절하지 못하면 어떡해.'
　 '독서록이 뭐 저렇게 힘든 일이라고 난리를 치는 거야!'
　 '아니, 남편은 도대체 아이도 케어 안 하고 뭐 하는 거야. 꼭 내가 해야 해?'

⑦ **환경**(그때 대화에 영향을 미쳤던 환경이 있다면 작성해봅니다.)
→ 온라인 수업에 참여하느라 주말까지 쉬지 못했다.

당신에게도 유독 후회로 남아 있는 아이와의 대화가 있나요?
아래의 빈칸을 채워보면서 그날의 기억을 정리하고, 분석시트
작성하는 법을 연습해보세요.

내면의 대화 체인 분석

[촉발사건-행동반응-결과 작성]

① 불편한 상황을 촉발시킨 사건

*
  ....
*
  ....
*
  ....

② 나의 행동반응

*
  ....
*
  ....
*
  ....

③ 결과

*
  ....
*
  ....
*
  ....

엄마의
말그릇

[연결고리 작성]

④ 감각

- ....
- ....
- ....

⑤ 감정

- ....
- ....
- ....

⑥ 생각

- ....
- ....
- ....

⑦ 환경

- ....
- ....
- ....

말의 연결고리
다섯 가지

앞서, 우리는 불편했던 상황을 객관적으로 쪼개서 관찰해 보는 시간을 가졌습니다. 이제부터는 말의 연결고리에 대해 더 자세하게 알아보면서 각 단계를 기민하게 느껴보는 연습을 해볼 것입니다.

내면의 안테나를 세우는 연습을 하는 것이죠. 안테나를 세우고 대화하는 부모는 '감각—감정—생각—환경'의 연결고리마다 일종의 방지턱을 갖고 있는 것과 같습니다. 각 단계가 보내는 신호를 알아차려서 적절한 때에 자신에게 '잠깐, 멈춰'라고 말할 수 있으니까요.

감각

'감각'은 당신의 내면에서 어떤 일이 진행되고 있음을 알려 주는 물리적인 신호입니다. 화가 나면 뒷목이 뻣뻣해지고, 얼굴에 열이 오르는 것처럼 감각은 감정과 함께 오죠. 만약 자신의 감각 반응을 예민하게 느낄 수 있다면, 감정에 압도되기 전 자신에게 멈춤 사인을 보낼 수 있습니다.

다만, 안타깝게도 평소에 우리는 몸의 메시지에 귀 기울이는 것에 익숙하지 않습니다. 불편한 대화를 하고 난 후를 떠올려 볼까요. 대화를 하는 동안에는 신경이 온통 밖을 향해 있어서 잘 느껴지지 않지만, 그 상황이 종료되고 나면 어쩐지 몸이 무겁고 머리가 지끈거린다는 사실을 발견하게 됩니다. 감정이 올라오는 순간 몸은 알람을 울려댔지만, 외부 자극에 온 정신을 빼앗긴 나머지 그 정보들을 놓치고 말았던 거죠. 만약, 적합한 순간에 그 신호를 알아챘다면 우리는 약간이나마 말의 방향을 바꿀 수 있었을 것입니다.

저는 불편한 감정과 마주할 때마다 얼굴에 압박감과 열감을 느낍니다. 밭은 숨을 내쉬게 되고, 온몸에 힘이 잔뜩 들어갑니다. 이때 '어, 지금 얼굴에 압박감이 느껴지는데'라는 하나의 감각 정보만 인지해도 온통 바깥의 자극으로 쏠려 있던 주의력이 내면으로 이동하는 변화가 일어납니다. '나 지금 지나치게 흥분했구나.', '너무 긴장하고 있구나.' 등을 깨닫게 되는 것이죠. 그렇게 잠깐 시점이 변화하면, 감정과 생각에도 전환점이 생깁니다. 그러고 나면 내가 지금 하고 싶은 말이 무엇인지, 그것을 위해서는 지금 어떤 행동과 말을 해야 하는지 돌아볼 수 있죠.

이렇게 중요한 감각을 제때 느끼려면 당연하게도 연습이 필요합니다. 길을 걸을 때, 청소를 할 때, 컴퓨터 앞에서 작업하는 순간처럼 일상을 보내는 와중에도 잠깐 주의를 기울여 내 몸이 보내는 신호와 감각에 집중해보세요. 스트레스나 카페인 같은, 몸의 감각에 대한 민감도를 떨어뜨리는 것들을 꾸준히 관리하고 조절하는 것도 잊어서는 안 됩니다.

말 그릇을 키우는 셀프 토크

잠깐만, 내 몸에서 어떤 일이 일어나고 있는지 제대로 느껴보자.

감정

감각과 함께 살펴야 할 연결고리는 '감정'입니다. 감정은 여러 가지가 뒤섞여 있을수록 각각을 구분하는 게 쉽지 않습니다. 앞의 '독서록 사건'에서도 알 수 있듯이, 하나의 사건이 불러오는 감정만 해도 여러 개죠. 그런데 우리는 대체로 그중 자신에게 가장 익숙하고 강렬한 감정만을 알아챕니다. 여러 색의 물감을 섞으면 회색이 되듯이, 여러 감정을 세밀하게 살피지 않고 대충 본다면, '짜증'이나 '분노' 같은 내게 더 익숙하고 강렬한 감정들만 보게 되죠. 정작 제대로 느끼고 표현해야 할 걱정이나 미안함 같은 감정은 챙길 새가 없습니다. 이런 현상은, 부모가 자신의 내면에 무뎌질수록 더 쉽게 일어납니다.

여기, 애교 많은 딸이 부담스럽다는 한 엄마가 있습니다. 그녀는 딸이 애교를 부릴 때마다 어떻게 반응해야 할지 몰라 당황스럽습니다. 기대에 찬 눈빛으로 자신을 바라보는 딸을 볼 때마다 뭔가 더 표현해주고 싶지만 "어~ 그랬어~ 잘했네~." 말고는 별다른 말이 떠오르지 않습니다. 책에서 읽은 방법대로 뭔가를 시도해보려고 하면 안 맞는 옷을 입은 듯 불편해집니다.

사실 그녀가 자란 가정은 감정 교류에 차가운 곳이었습니다. 어린 그녀가 울면 "징징거리는 거 보기 안 좋다"는 말이 날아왔고, 너무 신나 해도 "창피하니까 방정떨지 말라"는 꾸지람이 날아왔죠. 부모님은 집 밖에서도, 식탁 앞에서도 늘 한결같이 차분하게 말하고 간결하게 대화했습니다. 가족이 함께 큰 소리를 내면서 웃었던 기억이 별로 없습니다. 물론 부모님이 소리 내어 슬프게 우는 모습을 본 적도 없죠.

"늘 조심해야 한다고 생각했어요. 감정을 표현하기 전에 늘 엄마, 아빠를 먼저 살폈어요."

아들과 매일 전쟁을 치르는 중인 또 다른 엄마가 있습니다. 요즘 부쩍 자신과의 약속을 어기는 아들과 매일 '끝장 전쟁'을 벌이는 중입니다. "왜 그랬냐", "너 약속했잖아"로 시작된 대화는 "너 지금 태도가 뭐야"로 이어지고 그러다 결국 "나가! 너 같은 아들 필요없어!"로 번집니다. 아파트 현관 앞에서 아이를 힘으로 밀쳐내는 상황에까지 이르죠.

그녀의 가정은 사소한 자극에도 목소리를 높이는 곳이었습니다. 오빠가 언성을 높이면 엄마는 "그러니까 네가 이 모양인 거야!" 하면서 맞받아쳤고, 그것을 지켜보던 아빠는 더 큰 소리로 화를 냈죠. 때때로 힘을 쓰기도 했고, 물건이 부서지는 일도 있었습니다.

"저희 가족은 날이 서 있었어요. 너무 급하게 흥분했고, 서로의 말은 듣지 않았어요."

이렇듯 원가족의 감정교류 방식은 한 사람의 몸과 마음에 딱 새겨져 있습니다. 어떠한 자극이 오면 자신에게 익숙했던 방식대로 반응하도록 기본 값으로 설정되어 있는 것이죠. 그러니 자신의 가족 내에서 어떤 감정이 허용되었고, 허용되지 않았는지를 알고 있어야 지금 당신이 겪고 있는 감정적 어려움의 일면을 이해할 수 있습니다. 원인을 제대로 이해하고 있어야 잘못된 귀인의 오류를 줄이고, 해결책에 집중할 수 있죠.

이제 '독서록 사건'으로 다시 돌아가볼까요. 그때 제가 느낀 감정은 속상함, 미안함, 걱정, 원망, 짜증이었습니다. 독서록을 쓸 때마다 큰소리가 나는 것이 속상하고, '앞으로 글쓰기를 계속 어려워하면 어쩌나, 더 어려운 과제들을 마주할 때마다 견디지 못하고 성질을 부리면 어쩌나' 걱정되고, '아들 곁에서 격려해줬으면 곧잘 해냈을 텐데, 나는 왜 주말까지 방에서 이러고 있나' 싶어 미안했습니다. 아이를 잘 케어하지 못하는 남편에게도 원망스러운 감정이 들었죠.

그런데 그때 이런 여러 가지 감정을 미리 알아차렸다면 그날의 대화는 어떻게 달라졌을까요? '또 저러네, 열 받아!'와 같은 한 가지 감정에 매몰되지 않고 '걱정되네. 아이가 글쓰기를 계속 힘들어하면 어쩌지.' 혹은 '원망스러워. 수업에 집중할 수 있도록 남편이 아이를 더 잘 돌봐줬으면 좋겠는데'라고 셀프 토크를 했다면 무엇이 달라졌을까요? 아마 적어도 누구한테 어떤 메시지를 전달해야 할지에 대한 부분은 한층 더 명확해 졌을 것입니다.

가장 강렬한 감정이 떠올랐을 때 더 많은 감정을 느껴보기 위해 잠깐 기다린다면, 비로소 뒤따라온 진짜 감정(핵심 감정)을 마주할 수 있습니다. 짜증, 분노와 같은 감정에 압도되지 않고 기다린다면, 그 뒤에 가려진 아쉬움, 걱정, 불안, 미안함을 발견할 수 있게 되죠.

그러니 감정 데이터가 습관적으로 처리된다는 것을 인지하고, 생겼다가 사라지는 감정을 실시간으로 느껴보는 연습이 필요합니다. 나를 압도하는 감정에 이름을 붙여 거리를 둘 줄 알아야 합니다. 때로는 불편한 감정을 껴안는 법도, 분노를 올바르게 표현하는 법도 배워야 하죠.

이제 일상에서 마주하는 순간순간의 감정에 주의를 기울여 보세요. 부정적인 감정과 긍정적인 감정을 구분할 필요는 없습니다. 감정이 내게 어떤 말을 전하려고 하는지 들어보자는 태도로 그것들에 이름을 붙여나가면 됩니다. 이때 몸의 자극을 함께 알아차리는 것, 여러 가지 감정 단어들을 미리 익혀 두는 것이 도움이 됩니다.

말 그릇을 키우는 **셀프 토크**

잠깐만, 지금 느껴지는 이 감정에 제대로 된 이름을 붙여보자.

엄마의
말그릇

생각

'생각' 또한 감각, 감정과 긴밀하게 연결되어 있습니다. 생각은 감정을 만들고, 감정은 생각을 강화합니다.

'독서록 사건'이 일어났던 그때, 제 머릿속에는 부지불식간에 '저렇게 자기 감정을 조절하지 못하면 어떡해.', '독서록 쓰는 게 뭐 저렇게 힘들다고 난리를 치는 거야!', '아니, 도대체 아이 케어도 안 하고 뭐 하는 거야. 꼭 내가 해야 해?' 같은 생각들이 한꺼번에 떠올랐습니다.

자극과 함께 동시다발적으로 떠오른 문장들이죠. 그것은 저에게 가장 익숙한 사고의 패턴이자 수없이 펼쳐 보았던 생각의 전개도였습니다. 이와 같은 사고의 패턴은 도대체 어디로부터 온 것일까요?

핵심 신념─중간 신념─자동적 생각

어린 시절, 중요한 인물과의 상호작용을 통해 만들어진 가장 근원적이고 깊은 수준의 믿음을 '핵심 신념core belief'이라고 합니다. 나는 어떤 사람이고, 타인은 어떤 존재인지 또 우리가 살아가는 세계와 앞으로 펼쳐질 미래는 어떨 것인지에 대한 견해를 담고 있죠. 핵심 신념은 지극히 개인적인 것입니다. 따라서 사실과 다를 수 있고 정확하지 않을 수 있습니다. 심지어 현재에 도움이 되지 않는, 오히려 손해를 일으키는 사고 방식일 수도 있지요.

이러한 핵심 신념은 '중간 신념intermediate beliefs'으로 이어집니다. 핵심 신념이 뿌리라면 이것은 기둥입니다. 핵심 신념에 영향을 받은 중간 신념은 개인의 '삶에 대한 태도, 규칙, 가정' 등으로 나타납니다. '~해야 한다.' 혹은 '결코 ~해서는 안 된다'와 같은 개인의 규범 역시 중간 신념의 차원에서 만들어집니다.

그리고 '자동적 생각'은 이러한 핵심 신념과 중간 신념의 영향을 받아 일어납니다. 자동적 생각이란, 외부자극에 의해 무의식적으로 떠오르는 생각, 심상들을 말하죠. 자발적으로 일어나는 인지적 흐름이라 할 수 있습니다.

여기 '나는 부족하다.', '타인은 경쟁적이다.', '인생은 힘든 곳이다'라는 핵심 신념을 지닌 엄마가 있다고 해볼까요.

그녀는 가난한 환경에서 어른들의 돌봄을 받지 못하고 힘들게 컸습니다. 그래도 경쟁에서 살아남아 남들이 부러워하는 직장을 얻고 가정을 꾸렸죠. 그러나 그녀의 마음속에는 여전히 인생은 고되고 외로운 곳이라는 믿음이 있습니다.

그녀는 아이 친구 엄마들과 티타임을 가질 때마다 마음이 불편합니다. 다른 엄마들은 어쩌면 저렇게 자기관리며 아이들 공부며 다 완벽하게 챙기고 사는지 부럽고, 자신만 그렇지 못한 것 같아 위축됩니다.

이러한 마음은 대화를 하는 중에도 드러납니다. 잠깐 말이 끊어지는 순간이 오면, '혹시 나 때문에 분위기가 처졌나?', '내가 뭘 잘못했나?' 하는 생각이 자동적으로 떠오릅니다. 그래서 무리하게 분위기를 바꾸려고 애를 씁니다. 불편한 마음을 없애기 위해 디저트를 사겠다고 말해버리거나, 그 사이에서 더 돋보이고 싶어 과장된 말과 행동을 하기도 하고요. 물론 그러고 나서 집에 오면 또 후회를 하죠.

그녀가 이렇게 행동하는 이유는 '사람들 앞에서 책잡히면 안 돼'라는 중간 신념이 작동했기 때문입니다. 스스로를 부족한 사람이라고 평가하고 있기 때문에(핵심 신념) 그것을 다른 사람에게 들키지 않아야 한다는 규칙(중간 신념)이 생긴 것이죠. '부족함을 들키면 나를 무시할거야'라고 스스로 생각하고 있는 것입니다. 때때로 무리해서 더 자신만만하게 행동하는 것도 이 중간 신념의 영향 때문입니다.

핵심 신념: 나는 부족하다/ 타인은 경쟁적이다/ 인생은 힘든 곳이다.

중간 신념: 사람들 앞에서 책잡히면 안 돼/ 내가 얼마나 부족한지 알면 다들 날 무시할 거야.

자동적 생각: 나 때문인가? 내가 뭘 잘못 말했나?

아이와의 상호작용에서도 '핵심 신념—중간 신념—자동적 생각'의 작용력은 고스란히 드러납니다. 아이가 친구들과 트러블이 생기면, 엄마는 자신을 탓합니다. 스스로를 질책하고 또 연민하느라 정작 아이에게 도움 줄 때를 놓치죠. 그런가 하면 아이가 밖에서 괜한 말을 듣지 않도록 각별히 정성을 기울이기도 합니다. 아이가 싫다고 해도 유행하는 머리핀이나 옷을 챙겨 입히려고 아침마다 실랑이를 하는 까닭도 여기에 있습니다.

자동적 생각 돌아보기

저도 마찬가지입니다. 자동적으로 떠올랐던 '독서록 쓰는 게 뭐가 힘들다고'라는 생각은 **'나는 더 힘든 것들도 혼자 해냈다, 그 정도는 해내야지'**라는 믿음에서 나왔습니다.

저는 어릴적부터 혼자인 게 익숙한 아이였습니다. 부모님의 별거, 이혼, 재혼의 소용돌이 속에서 줄곧 혼자라고 느꼈죠. '나는 혼자다'라는 핵심 신념과 그러니 '남들에게 무시당하지 않을 만큼 알아서 잘해야 한다'는 생각은 제 삶의 전제가 되었습니다. 그리고 그런 태도는 아이와의 관계에서도 툭툭 튀어

나왔습니다. 아이의 기질과 성격, 개인적인 어려움과는 상관 없이 순전히 저만의 기준에서 아이를 평가해버리곤 했죠.

'아니, 도대체 아이 케어도 안 하고 뭐 하는 거야. 꼭 내가 해 야 해?'라는 자동적 생각 역시 비슷한 맥락입니다. 사실 그때 남편은 설거지나 청소를 하는 중이었을 수도 있고, 힘들어서 잠깐 쉬고 있었을 수도 있습니다. 그러나 저는 앞뒤 보지 않고 남편이 아이를 제대로 돌보고 있지 않다고 자동적으로 생각했 습니다.

비슷한 이유로, 감정의 압박을 받을 때면 '왜 나만!'이라는 생각에 종종 빠지곤 합니다. 그 말에는 원망과 억울함이 묻어 있습니다. 씩씩하게 혼자 해내다가도 문득 울고 싶어지고 그 때마다 '왜 나한테만 그래! 왜 나보고만 다 해내라고 하냐고!' 소리치고 싶어집니다. 그러한 억울함이 다시 또 남탓으로 이 어지죠.

이러한 자동적인 생각의 치명적인 단점은 종종 오류를 만 들어 낸다는 데 있습니다. 검토를 거치지 않고 만들어진 생각 이니까요. '글쓰기 정도는 어려운 일이 아니다'라는 저의 생각 도, 아이 입장에서는 다를 수 있습니다. 내게는 정답이었고, 진 실이었고, 효과가 있었던 생각들도 철 지난 한때의 공식일 수 있죠.

나의 생각이 정답이 아닐 수 있다는 것을 받아들여야 스위트 스팟에서 자동적으로 떠오르는 생각을 알아볼 수 있고, 그것이 다시 등장할 때 '어! 내가 또 이러네.' 하면서 거리를 둘 수 있습니다. 그래야 자동적으로 떠오른 생각에 매몰되지 않을 수 있지요. 특히 아이가 커 갈수록 부모가 자신이 옳다고 믿는 생각과 약간의 거리를 둘 수 있어야 아이와의 관계가 나빠지지 않습니다.

만약 제가 방아쇠를 당기기 전에 장전된 총알이 무엇인지 인식했더라면 어땠을까요? '뭐 힘든 일이라고 난리를 치는 거야'라고 자기도 모르게 생각한 것을 알아차렸더라면 아이와의 충돌을 피할 수 있는 잠깐의 시간을 벌었을지 모릅니다.

'왜 나만 해야 해'라고 억울해하고 있는 것을 알아차렸다면, 밖의 상황이 어떤지 제대로 확인하기 위해 몸을 움직였을 것입니다. 그러다 집 안 청소를 하느라 지쳐 있는 남편의 표정을 더 가까이서 보게 됐을지도 모를 일이지요. 그랬더라면 속이 시원해질 때까지 감정을 폭발시키지는 않았을 것입니다.

말 그릇을 키우는 **셀프 토크**

잠깐만, 지금 어떤 생각이 자동적으로 떠올랐지?

엄마의
말그릇

환경

우리는 스스로 인식하고 있는 것보다 '환경'의 영향을 많이 받습니다. 계절이나 날씨에 따라 몸과 마음이 어떻게 달라지는지 떠올려 보세요. 익숙한 사람들과 있을 때와 낯선 무리에 둘러 쌓여 있을 때를 떠올려 보세요.

대화 역시 이렇게 '환경'의 영향을 받습니다. 배가 고픈지 부른지, 술을 마셨는지 안 마셨는지, 실외에 있는지 실내에 있는지, 시간에 여유가 있는지 긴박한지와 같은 개인적인 상황(환경)은 대화에도 영향을 미칩니다.

대화를 할 때 시야가 넓은 사람은 '나, 너, 상황'이라는 세 가지 조건을 고려합니다. 그러나 그런 사람조차도 환경이 불편해지면 시야가 급격히 좁아지지요.

제가 아이의 독서록 때문에 불같이 화를 냈던 그때에도 저는 환경에 영향을 받고 있었습니다. 전날까지 강의를 하고, 주말에도 온라인 수업에 참여하느라 예민해져 있었지요. 그런 환경에서는 어떤 주제를 꺼내더라도 까칠한 반응이 나왔을 것입니다.

특히나 엄마들은 '시간'이라는 환경에 영향을 많이 받습니다. 아이를 등원 차량에 태워야 하는데 아이가 굼뜨게 행동하거나, 잘 시간이 되었는데 그때서야 뭔가를 시작하려는 아이를 보면 예상치 못하게 감정이 폭발할 수 있습니다. 그럴 때 내가 '시간'이라는 환경에 예민하다는 것을 미리 알고 있다면, 그러한 변수를 조금은 조정할 수 있죠.

반대로 어떤 환경에서 마음이 편안해지고 내면의 목소리를 더 잘 듣게 되는지 알고 있는 것도 도움이 됩니다. 어려운 대화를 시작하기에 앞서, 약간의 산책을 하고 오거나 잠을 좀 더 자두거나 당분을 섭취하거나 하는 전략을 세워두는 등, 가장 좋은 환경을 미리 만들어 둘 수 있습니다.

아이와 대화를 할 때도 환경을 고려해볼 수 있습니다. 아이가 피곤해할 때나 학원에 가기 직전에는 되도록 민감한 얘기는 꺼내지 않는 식으로 말이지요. 부모의 말이 가장 잘 전달될 수 있는 타이밍을 기다리는 것이죠.

혹시 당신을 특별히 더 자극하는 환경이 있나요? 그것은 무엇인가요? 나를 자극하는 환경을 관찰해보고 그 목록을 적어보세요.

> **말 그릇을 키우는 셀프 토크**
>
> 잠깐만, 지금 이 대화에 영향을 미치고 있는 환경은 무엇이지?

엄마의
말 그릇

욕구

우리는 지금까지 실패한 대화를 통해 알 수 있는 '내면의 대화 과정, 말의 연결고리들'을 살펴보았습니다. 마지막으로 알아볼 것은 '욕구'입니다. 다음 장에 나와 있는 〈내면의 대화 체인 분석시트〉를 다시 한 번 살펴볼까요.

감각, 감정, 생각, 환경이라는 작은 원 뒤로 그것들을 둘러싸고 있는 연두색 원이 보이시나요. 그것이 바로 '욕구'를 나타내는 원입니다. 첫 번째 대화 체인 분석 작업을 할 때는 이 욕구의 원은 넣지 않았습니다. 앞선 작업들이 다 끝난 후에야 이 새로운 영역에 대한 분석을 시작할 수 있기 때문이지요.

욕구란 '원하는 것'입니다. 수단과는 다른 개념이죠. 엄마표 영어가 좋을까, 영어 도서관이 좋을까를 고민하는 것은 수단에 대한 고민입니다. 그 고민 속에 숨겨져 있는 것은 '아이를 제대로 가르치고 싶다'는 욕구입니다.

욕구는 우리가 행동하는 근본적인 이유입니다. 인간은 욕구를 충족하기 위한 방향으로 움직이고, 감각과 감정, 행동의 변화가 있는 곳에는 항상 욕구가 자리하고 있지요.

대화가 실패로 치닫는 이유 중의 하나는 자신의 욕구를 인

내면의 대화 체인 분석

큰 아이가 독서록을 작성하기 전에 '쓰기 싫다'는 말을 하면서 책상을 툭툭 찼다.
동생, 아빠와 언성을 높이며 대화했다. 그 소리가 방 안까지 들려왔다.
아이는 점심시간까지 독서록을 쓰지 않았다.

2. 행동반응

문을 열고 나와 아이가 독서록을 얼마나 작성했는지 확인했다. 한숨을 쉬었다. "지금 뭐 하는 거야! 독서록 하나 쓰면서!! 그게 뭐 그렇게 대단한 거라고!" 하며 소리쳤다.

환경
온라인 수업에 참여하느라 주말까지 쉬지 못했다.

아이가 울면서 독서록을 쓰기 시작했다.

감각
얼굴에 압박감.
숨을 잘 쉬지 못함.
가슴이 답답.
어깨가 올라감.
손끝, 발끝에 힘이 들어감.

4. 연결고리

생각
'저렇게 자기 감정을 조절하지 못하면 어떡해!'
'독서록이 뭐 저렇게 힘든 일이라고 난리를 치는 거야!'
'아니, 도대체 아이도 케어 안 하고 뭐 하는 거야!'

자리에 돌아왔으나 수업에 집중할 수 없었다.
흥분이 쉽게 가시질 않았다.
속상하고 후회스러웠다.

감정
짜증스러움,
속상함,
걱정, 미안함,
원망, 억울함

3. 결과물

5. 욕구찾기

**아이를 돕고 싶다.
배려 받고 싶다.**

출처 Marsha Linehan,변증법적행동치료

엄마의
말 그릇

식하지 못한 채 말을 하기 때문입니다. '위로를 받고 싶다'는 욕구가 있을 때, 그것을 알고 있는 사람은 '위로해줘'라고 정확하게 말할 수 있습니다. 하지만 그것을 알지 못하는 사람은 '위로가 필요하다는 말' 대신 '너는 매일 혼자만 신났더라'는 말을 해버릴 수 있죠. 상대방은 당연히 이해할 수 없을 테고요.

성숙한 대화를 한다는 것은 자신의 감정과 욕구를 연결시킬 수 있다는 뜻입니다. 예를 들어, 아이들과 함께 있을 때 짜증스럽고, 지치고, 불편한 감정이 들 수 있습니다. 그럴 때 자신의 욕구를 알아차리지 못하는 부모는 밖에서 이유를 찾으며 "쟤들이 저럴 때마다 내가 늙는다 늙어!"라고 말합니다. 하지만 욕구를 잘 성찰하는 부모라면 "오늘 유난히 짜증나고 지치네. 내 시간을 좀 갖고 싶어"라며 자신의 욕구와 말을 연결시켜서 이야기할 수 있습니다.

욕구를 알아차리는 것은 왜 어려울까요? '나는 뭘 원하지?'라는 질문을 별로 해본 적이 없기 때문입니다. 줄곧 '뭘 해내지?', '뭘 해야 하지?'라는 목표에 가까운 질문을 하고 살아왔다면 더욱더 그렇습니다.

인생에서 소소한 만족감을 누리려면 지금보다 더 자신의 욕구에 호기심을 가져야 합니다. 욕구와 욕망, 열망에 관해 더 자주 자신에게 물어보아야 합니다. 일상의 순간순간에 '내가 지금 뭘 원하지?'라고 묻고 답해보기를 권합니다.

이 책을 읽고 있는 지금 이 순간은 어떤가요. 더 알고 싶은 욕구, 쉬고 싶은 욕구, 나를 방어하고 보호하고 싶은 욕구… 그 어떤 것이든 괜찮습니다. 욕구는 그것이 무엇이든 그 자체로 긍정적이니까요.

이렇듯 나 자신과 깊게 연결되어 있는 욕구 질문은 타인과의 대화에서도 매우 중요합니다. 원하는 것이 무엇인지 정확하게 자각하는 부모는 아이를 탓하지 않으면서 자신이 기대하는 바를 말할 수 있습니다. 누구보다 애정하며 응원하는 부모의 진심을 아이의 마음에 정확하게 전달할 수 있습니다.

독서록 사건이 일어났을 때, 아이를 향한 저의 욕구는 '잘하게 돕고 싶었던 것'이었죠. 화를 내서 제압하려던 게 아니었지요. 하기 싫고 좀 힘들어도 자기 감정을 조절해서 스스로 해낼 수 있도록 지원해주고 싶었습니다.

"저러니 내가 열 안 받아? 독서록 안 쓰고 왜 저러고 있는 거야!"
→ "걱정되네. 아이가 스스로 조절해서 해내도록 돕고 싶다."

"짜증 나네! 애를 신경도 안 쓰고 저러고 있으니 화가 안 나?"
→ "서운하고 원망스러워. 배려 받고 싶었는데."

엄마의
말 그릇

남편에게는 배려를 받고 싶었습니다. 그를 비난하고 싶었던 게 아닙니다. 아이들에게 신경 쓰지 않고 마음 편하게 수업에 참여할 수 있도록 파트너로서 지원과 격려를 받고 싶었던 것입니다.

만약 감각과 감정, 생각의 연결고리 앞에서 '알아차림 스위치'를 켤 수 있었다면 욕구를 찾아내는 길이 한결 수월했을 것입니다. 이미 감정은, 나의 욕구가 충족되지 못하고 있음을 알려주기 위해 신호를 보냈는데, 제가 주의를 기울이지 못했던 것이지요.

이것을 기억하세요. 욕구는 '내가 뭘 원하지?'라는 질문을 통해서만 다가갈 수 있습니다. 의식의 조명을 비출 때만 그 존재를 드러내고요. 묻지 않으면 인식할 수 없습니다. 인식할 수 없으면 더 좋은 선택을 할 수 없게 되죠.

알림장도 써오지 않고, 학교 준비물도 모른다는 아이를 볼 때면 마음이 불편해집니다. 그럴 때 내가 진짜 원하는 것은 무엇인지 스스로에게 질문해보세요.

퇴근하고 집에 돌아왔더니 아이가 인사도 대충 하면서 자기 할 일만 하고 있을 때도 기분이 상할 수 있습니다. "너 엄마가 왔는데 인사도 안 하고 그게 뭐 하는 거니!"라고 말하기 전에 자신에게 질문해보세요. '나는 지금 왜 불편한가? 내가 지금 원하는 것은 무엇인가?'

지금의 내 감정은 내게 어떤 욕구가 있다는 것을 말해주고 있을까요? 그것부터 명쾌하게 정리하고 말을 시작해보세요.

말 그릇이 커지는 **셀프 토크**

잠깐만! 불편하네. 내가 지금 원하는 것은 뭐지?

멈추고,
물러서고, 바라보기

앞서 말 그릇이 큰 엄마는 자신의 무의식적인 패턴을 이해하고 그것을 알아차리는 능력이 있다고 했습니다. 우리가 앞으로 연습해야 할 것도 이것입니다. 각각의 연결고리들을 알아차리고, 내 부모와 맺었던 관계 방식과는 조금씩 다른 선택을 해나가는 것 말입니다.

우리는 앞으로 지난한 과정을 겪어야 합니다. 앞으로 실수를 계속할 수도 있죠. 마음과 다른 말을 내뱉고 가슴을 쥐어 뜯으며 후회할지도 모릅니다. 그러나 우리에게는 아직 많은 기회가 남아 있습니다.

그것을 떠올리며 일상에서 '멈추기stop──타임아웃time out──

분석하기analyze─성찰하기reflect'의 과정, 일명 STAR를 연습해봅시다.

" 멈추기 "

대화가 실패의 길로 들어섰을 때 그것을 알아차린 순간, 멈출 수 있어야 합니다. 몸의 감각을 인식했을 때, 진짜 감정을 감지했을 때, 생각의 함정에 빠졌음을 느꼈을 때 잠시 멈추는 것입니다.

저도 알아차림의 스위치를 꺼둔 채로 정신없이 말로 아이를 몰아붙일 때가 있습니다. 그런 저에게 아이는 조심스럽게 묻습니다. "엄마, 왜 이렇게 화가 난 거예요?" 호기심 어린 아들의 표정을 보는 순간, 비로소 깨닫습니다. 지금의 제 반응이 과했다는 것을요. 아이에게 전하고 싶은 말이 '나 화났다'가 아니라는 것을요.

그런 말을 들을 때면 민망하기도 합니다. '이왕 세게 나간 거 이 기회에 마저 단도리해야지.' 하고 고집을 부리고 싶을 때도 있습니다. 그러나 곧이어 이미 방향을 벗어난 대화에서 제가 할 수 있는 것은 멈추는 것뿐임을 깨닫습니다.

멈춰. 이건 내가 하고 싶은 말이 아니야.
내가 진짜 하고 싶었던 말은 뭐지?

타임아웃

감정이 과열된 아이에게 타임아웃을 처방하듯이 부모에게도 그런 시간이 필요합니다. 말로부터 잠시 물러나는 것입니다. 안전한 속도를 넘어섰을 때 새로운 것을 시도하기란 어렵습니다. 그럴 때는 혼자 조용히 그 시간에서 물러나 자신과 상황을 바라봐야 합니다.

타임아웃의 시간에는, 말을 멈추고 지금 어떤 일이 벌어지고 있는지 바라봅니다. 속도를 늦추어 아이의 표정을 다시 봅니다. 그리고 마음의 안테나를 켜서 감각과 감정, 생각에 주의를 기울입니다.

"엄마가 너무 소리쳤지? 너에게 진짜 하고 싶은 말은 이게 아니었어. 엄마 마음이 진정되면 다시 이야기하자"고 말함으로써 아이에게도 엄마의 타임아웃을 알릴 수 있습니다. 습관적인 감정과 자동적인 생각에 계속 빠져 있으면 아이가 보내는 신호조차도 볼 수 없게 됩니다. "네가 뭘 안다고!", "그럼 지금 엄마가 화 안 나게 생겼어!"라고 말하며 더 상처 주는 말을 쏟아붓게 되지요.

아이를 사랑하는 데 있어서 결코 늦은 시간이란 없습니다. 마음의 조정이 필요한 순간이라면 그저 말을 멈추고 타임아웃을 가져보세요. 아이와의 대화가 울퉁불퉁한 비포장길로 들어섰을 때 우리는 언제든 멈추고 다시 시작할 수 있습니다.

> **말 그릇이 커지는 셀프 토크**
>
> 지금 너무 흥분했어.
> 마음을 진정시키고 다시 말하자.

분석하기

힘들었던 상황이 그저 흘러가버리지 않도록 스위트 스팟을 살펴보는 시간을 만드세요. 유독 힘들었던 장면, 다시는 반복하고 싶지 않았던 대화를 이번 기회에 되돌아보세요.

이때 〈내면의 대화 체인 분석시트〉를 작성하면 도움을 받을 수 있습니다. 앞에서 한 번 연습해본 것처럼 '감각, 감정, 생각, 환경의 상관관계'들을 시트에 작성하면서 말의 흐름을 분석해보세요. 예습과 복습이 배움의 핵심이듯이 엄마의 말도 그렇습니다. 한번 어긋난 대화를 짚어볼 때는 특히 그때 자신이 어떤 감정과 생각에 빠져 있었는지를 주의 깊게 살펴봐야 합니다. 그것을 통해 자신의 욕구와 기대, 주의해야 할 부분까지 미리 알 수 있습니다.

분석을 통해 실수를 되감는 이유는 '나는 이게 문제네.', '나는 이게 안 되네.' 식으로 한계를 확인하기 위함이 아닙니다. 성찰 속에는 반성도 들어 있지만, 실수를 넘어 앞으로 나아가는 힘까지 포함되어 있습니다. 그러니 지나간 대화를 분석할 때는 과거를 곱씹는 데 그치지 말고, 그것에 대해 열심히 묻고 생각해서 작은 변화라도 이끌어내야 합니다.

> **말 그릇이 커지는 셀프 토크**
>
> 주로 언제 이런 상황이 반복되지?
> 다음에는 어떻게 다르게 말하면 좋을까?
> 이번 대화로 나는 무엇을 배웠지?

성찰하기

'성찰하기'는 부모에게 있어서 더없이 중요한 핵심 역량입니다.

성찰적 양육reflective parenting의 관점에서, 부모가 아이의 현재 마음 상태를 알아차리고 행동으로써 그것에 반응하는 능력은 매우 중요합니다. 특히 아이의 드러난 행동만을 보고 판단하는 것이 아니라 그 아래에 있는 아이의 마음 상태와 의도까지 이해하는 게 성찰 능력의 포인트지요. 즉, 성찰적 양육을 하려면 아이에 대한 깊은 관심이 있어야만 합니다.

성찰 기능을 가진 부모는 아이가 숙제를 하면서 유독 짜증 낼 때 "너 오늘 작정하고 나를 힘들게 하는구나." 하고 몰아치지 않습니다. "오늘 바깥 활동을 많이 해서 피곤한가 보구나.", "잘하고 싶은데 어려워서 속상하지"라고 말하면서 아이의 내면 상태까지 헤아리려 하죠.

반대로 성찰 기능이 낮은 부모는 자녀의 문제 행동에 초점을 둡니다. 아이가 그런 행동을 한 이유에 대해 성급한 판단을 내립니다. 그런데 보통 그러한 판단에는 아이보다는, 부모 자신의 마음 상태와 관계된 것들이 많이 들어가 있습니다.

따라서 성찰적 양육을 하려면, 무엇보다 부모가 자신의 내면 상태를 성찰할 수 있어야 합니다. 양육자가 자신의 감정을 잘 다루고 욕구와 기대를 명확하게 인식하는 능력을 갖추고 있어야 아이의 마음도 깊고 넓게 헤아릴 수 있습니다.

말 그릇이 커지는 **셀프 토크**

나는 지금 어떤 감각을 경험하고 있지?

지금 내가 느끼는 감정은 뭐지?

그 감정은 내가 무엇을 원하고 있다는 신호지?

지금 나는 어떤 생각들을 하고 있지?

그 진실을 어떻게 확인할 수 있지? 그것을 다르게 볼 수 있을까?

어른의 말, 부모의 말

성찰을 위한 시간과 공간을 마련해보세요. 위의 질문들을 일상에서 묻고 답함으로써 성찰기능을 강화할 수 있습니다. 멈추고 타임아웃 시간을 갖고, 분석하고 성찰해나갈 때 일상의 알아차림 능력은 올라갑니다.

위의 질문들을 묻고 답하는 것에 자연스러워질수록 대화를 할 때 감각과 감정, 생각들을 더 잘 알아차리게 되고 매 순간 무엇을 말하고, 말하지 말아야 할지에 대한 분별력도 높아집니다. 일상속 대화가 점점 더 안정된 방향으로 나아갑니다. 그럴수록 부모의 말은 단단하고 따뜻해지지요.

'우리 엄마가 화를 많이 내는 사람이라, 나도 아이에게 소리 지르는 엄마가 되었다'는 문장은 사실이지만, 또한 사실이 아닙니다. 나의 과거는 내 삶에 치명적인 상처를 남겼지만, 그렇다고 해서 반드시, 모든 사람들이 말의 대물림을 반복하고 있지는 않으니까요.

지금 이 순간에도 많은 엄마들이 소중한 내 아이와 더 행복하기 위해서 멈추고, 돌아보고, 질문하고 있습니다. 늦은 밤 노트를 열어 자신의 내면세계로 기꺼이 뛰어들고 있습니다. 부모가 물려준 것들을 안고 갈지, 지금 여기서 다시 새로운 짐을 꾸릴지는 결국 우리의 선택에 달렸습니다.

생물학자 데니스 노블 교수와 한국 스님들의 대화를 엮은 책《오래된 질문》✦에 이런 구절이 나옵니다.

"그릇이 비어 있어야, 중요한 걸 담을 수 있습니다. 그런데 우리는 쓸데없는 것만 자꾸 그릇에 채워 넣다 보니 정작 귀하고 중요한 걸 담을 수 없게 됩니다. 지금 내 마음의 그릇이 무엇으로 채워져 있는지 한번 살펴보세요. 불필요한 감정들, 쓸

✦ 《오래된 질문》, 다큐멘터리 〈Noble Asks〉 제작팀·장원재 저, 다산북스

데없는 망상, 시간이 지나면 아무것도 아니게 될 고민으로 가득 차 있지는 않은가 하고요."

아이의 세계라는 귀한 것을 담기 위해서는 내 마음의 그릇을 살펴보는 과정이 필요합니다. 나의 어떤 감정과 생각이 아이의 말을 듣지 못하게 하고, 아이의 표정을 보지 못하게 하고, 아이에게 호기심을 갖지 못하게 가로막는지를 살펴봐야 합니다. 그러니 아이와 나누었던 힘들었던 대화들, 실패했던 대화를 돌아보고 그것으로부터 자신을 배워 나가세요.

자신의 마음을 성찰하고 다시 배우려는 겸손한 자세를 가진 부모의 말, 그것이 아이들에게 들려주는 어른의 말이 되어야 합니다.

내면의 대화 체인 분석시트

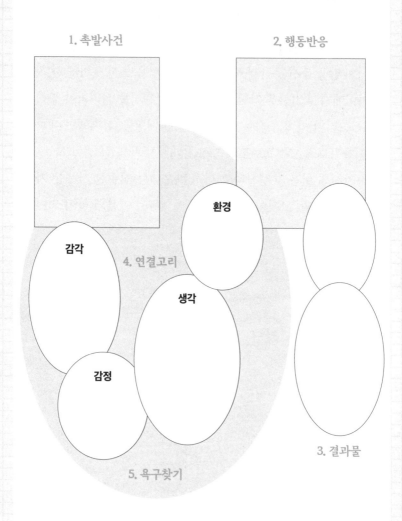

1. 촉발사건

2. 행동반응

환경

감각

4. 연결고리

생각

감정

3. 결과물

5. 욕구찾기

엄마의
말그릇

분석시트를 작성한 후
다음 질문들에 답하면서 스스로를 코칭해보세요.

촉발자극에서 새롭게 발견된 것이 있다면 그것은 무엇인가요?
행동반응을 관찰하면서 깨닫게 된 것은 무엇일까요?
내가 원하는 결과는 무엇이었나요? 그렇게 되려면 무엇이 달라져야 할까요?

몸의 감각을 통해서 발견한 것은 무엇인가요?
그것을 어떻게 알아차릴 수 있었나요?
몸의 메시지에 귀 기울이기 위해 어떤 연습을 해야 할까요?

발견한 감정들 중에서 핵심 감정은 무엇인가요?
감정에 이름을 붙이는 과정에서 알게 된 것은 무엇일까요?
감정을 알아차리는 것이 어려웠다면, 이유는 무엇일까요? 어떻게 다르게 해볼 수 있을까요?

자동적 생각이 가지고 있는 오류는 무엇일까요?
이러한 생각은 언제, 어떤 상황에서 반복되고 있나요?
그 생각은 어디로부터 왔다고 생각하나요?

내가 진짜 원한 것은 무엇이었나요?
그 욕구는 나에게 어떤 의미가 있나요?
어떻게 하면 다음에는 그 욕구를 먼저 알아차릴 수 있을까요?

나의 연결고리를 보면서 떠오르는 생각은 무엇인가요?
현재 나의 연결고리는 아이에게 어떤 영향을 미치고 있을까요?
앞으로는 어떤 구체적인 노력을 하고 싶은가요?

불편한 감정과 공존하기

감정의
특성

안정된 양육의 핵심은, 양육자의 감정에 불이 붙었을 때 그것을 침착하게 소화시키는 능력에 있습니다. 감정에 불이 붙기 전 알아차리고, 불길이 일더라도 빠르게 진화시키는 능력 말이죠.

내면의 연결고리에서 살펴보았듯이 감정은 모든 관계에서 무척 중요합니다. 특히 아이와 자주 부딪히는 곳에는 끈적끈적 응어리진 감정이 엉켜 있습니다. 그러니 그 감정을 제대로 이해하고 인식하는 게 관계를 변화시키는 핵심 열쇠이기도 하지요.

오늘 내가 그렇게 느끼고 반응한 이유는 무엇일까요? 나는 감정에 대해 무엇을 알고, 또 무엇을 오해하고 있을까요? 어떻게 불편한 감정을 조절하며 대화할 수 있을까요?

이번 장에서는 감정의 특성부터 내면 근력을 키우기 위한 실전 지침까지 함께 알아보겠습니다.

66

감정 제대로 이해하기

99

감정은 한번에 통제되거나 관리되지 않습니다. 그러다 보니 대부분의 사람들은 감정 다루기를 버거워하죠. 특히 부정적인 감정은 아예 느끼지 않으려고 차단해 버리기도 합니다.

그러나 감정은 통증과 같습니다. 통증은 불편하지만, 우리 몸의 어떤 부분에 이상이 생겼다는 것을 알려주는 신호입니다. 통증을 느낌으로써 우리는 비로소 그 문제에 관심을 갖게 되죠.

감정도 마찬가지입니다. 우리는 그것이 무엇을 알려주고 있는지를 들여다봐야 합니다. 설사 그것이 부정적인 감정이라도 말이지요. 짜증, 서운함, 외로움, 놀람, 당황, 슬픔, 우울, 미움, 질투, 불안감, 두려움, 걱정이라는 불편한 감정들 속에 어떤 마음과 욕구가 들어 있는지 관심을 갖고 지켜봐야 합니다.

감정은 복합적으로 다가옵니다. 완벽한 기쁨, 완벽한 슬픔, 완벽한 분노 등은 존재하기 어렵습니다. '시원섭섭하다'는 말이 있는 것처럼, 심지어는 아쉬움과 기쁨, 허탈함과 자유로움처럼 서로 상반된 감정끼리도 공존할 수 있지요.

만약 감정의 이러한 면을 이해하는 부모라면, 자신 안에도 빛과 어둠이 함께 한다는 사실을 자연스럽게 받아들일 수 있습니다. 아이를 끔찍이도 사랑하지만 동시에 귀찮아할 수 있다는 사실, 아이와 있어 행복한 순간에도 '잠시만이라도 혼자 있고 싶다'는 갈망이 일어날 수 있다는 사실… 그 감정들이 동시에 찾아올 수 있다는 것에 죄책감을 가지지 않습니다.

자신이 그런 것처럼, 아이 역시 엄마를 사랑함과 동시에 때때로 미워할 수 있다는 사실을 인정합니다. 세상 예쁜 얼굴로 "엄마가 최고야"라고 하다가도 기분이 틀어지면 "엄마 미워! 싫어!"라고 말할 수 있다는 것을 이해하죠. 아이의 그러한 표현을 거부라고 여기며 지나치게 상처 받지 않습니다.

감정은 영원하지 않습니다. 감정에 압도되는 사람은 지금 느끼는 감정이 영원할 것이라고 착각합니다. 또한 자신은 이 감정을 감당해낼 수 없을 거라고 좌절하죠.

그러나 기쁨과 설렘이 영원하지 않듯이 오늘의 걱정과 슬픔도 영원하지 않습니다. 그 진리를 알고 있으면 때로는 그 감정들과 싸우기보다 그것들이 자연스럽게 사라지기를 기다리는 것이 지혜임을 깨닫게 됩니다. 감정은, 일부러 피하지 않는다면 전하고 싶은 메시지를 문 앞에 두고 언젠가는 돌아갑니다.

우리가 해야 할 일은 감정을 지켜보는 것입니다. 순간적인 감정이 지나가고, 새로운 감정이 다시 들어올 수 있도록 길을 열어두기만 하면 됩니다.

감정은 사람마다 다르게 느낍니다. 코칭을 하다 보면 '제가 이렇게 느끼는 게 맞나요?', '다른 사람들은 어떤가요?'라는 질문을 들을 때가 있습니다. 자신의 감정이 뭔가 잘못되었고 부적절하다고 느끼기 때문이겠죠.

오랫동안 누군가에게서 감정에 대한 평가를 받아왔다면 자신의 감정을 믿기가 힘들어집니다. 예를 들어, 웃으면 착한 아이라고 칭찬받고 화를 내면 버릇없는 아이라고 혼이 났다고 해봅시다. 그런 평가를 지속적으로 받아왔다면 마땅히 화를 내야 하는 상황인데도 화를 내는 자신에게 불편함을 느낄 수 있습니다.

순도 백프로의 감정이란 없듯이, 사람마다 느끼는 감정의 강도도, 그 종류도 다양합니다. 같은 상황에서 누군가는 놀랄 수 있고, 누군가는 화가 날 수 있습니다. 때문에 누군가의 감정을 평가하면서 '뭐 그런 거 가지고 슬퍼하냐', '바보같이 무서워하기는' 따위의 말을 하는 것은 참으로 난폭한 행동입니다.

감정 자체는 문제가 없다는 것을 아는 부모라면, 다른 사람들과 달리 육아에서 더 괴로움을 느낀다고 해도 잘못된 것으로 여기지 않습니다. 모든 감정에는 나만의 정당한 이유가 있으니까요.

또한 아이 역시 자신의 다양한 감정을 존중할 수 있도록 도와줍니다. 설사 아이의 감정을 온전하게 이해할 수 없을지라도 최대한 이해해보려고 질문하고 경청합니다.

감정은 내가 아닙니다. 감정은 나의 내면에서 일어나는 중요한 현상입니다. 그러나 그것이 곧 나 자신을 의미하지는 않습니다. 화가 난다고 해서 '화 = 나'가 아닙니다. 그런데 어릴 때부터 몇 가지 감정에 압도되어 살았던 사람이라면, 감정과 나를 분리하는 것이 어려울 수 있습니다.

예를 들어, 비난과 공격을 자주 하는 부모 아래에서 자랐다고 해봅시다. 비난을 들을 때마다 두려움과 수치심을 느꼈을 테고, 그 경험이 쌓이다 보면 어느 순간 '네가 그 상황에서 수치심을 느꼈다'라고 생각하는 대신, '나는 문제가 있다', '나는 수치심을 느낄 만하다', '나는 수치스러운 사람이다'라고 생각하게 되겠죠.

우울감을 느낀다고 태생부터 우울한 사람이 아니듯이, 불안감을 느꼈다고 해서 원래 불안정한 사람이 아니듯이 내가 느끼는 감정이 곧 나는 아닙니다. 슬픔을 표현하면 나약한 사람이고, 긴장감을 들키면 자신 없는 사람이라고 생각하는 것도 실은 감정과 나를 분리하지 못했기 때문입니다.

오히려 내면이 단단할수록 감정과 나를 분리해서 바라볼 수 있습니다. 감정은 나의 내면 세계를 구성하는 일부이고, 나는 그것을 품고 있는 더 큰 존재라는 것을 받아들일 수 있습니다.

부모가 이 부분을 혼동하면 죄책감을 느낄 때 자신을 비난하고, 불안감을 느낄 때 평가하게 됩니다. 반면, 감정이 곧 내가 아니라는 사실을 이해한다면 아이가 분노로 소리를 높일 때 나쁜 아이라고 판단하지 않습니다. 불편한 감정들 역시 자녀의 내적 경험의 일부임을 받아들입니다.

감정을 이해하고 다루는 법을 배우게 되면, 앞으로 살아가면서 감정에 채여 넘어지고 오해하고 돌아가는 일이 눈에 띄게 줄어들 것입니다. 타인과 세상에 분노를 느낄 때 그 뒤에 숨어 있는 나의 다양한 감정들을 알아차리고, 친구의 짜증 속에서도 진짜 핵심 감정을 발견하고, 관계에 실패했을 때도 그 아픔과 슬픔에 압도되지 않고 터널을 빠져나올 수 있게 되죠. 불안함을 느낀다고 해서 잘못된 삶이 아니라는 것을 깨닫고 두려움과 행복이 공존할 수 있다는 사실을 더 빨리 이해하게 될 것입니다.

지금 느끼는 감정을 단어로 표현해볼까요?

그것을 어떻게 알아차릴 수 있었나요?

그것이 당신에게 알려주려는 메시지는 무엇일까요?

그것은 당신에게 어떤 의미가 있나요?

그것을 충족하기 위해 당신은 지금 무엇을 해야 할까요?

'감정은 영원하지 않다'는 말을 들을 때 떠오르는 생각은 무엇인가요?

어릴 때 가족 내에서 허용되지 않았던 감정이 있었다면 무엇인가요?

그것이 현재에 어떤 영향력을 미친다고 생각하나요?

'느끼고 싶지 않은 감정'이 있다면 무엇인가요?

그것을 지속적으로 회피하면 어떤 일이 일어날까요?

감정에 더 열린 상태가 되기 위해 무엇을 할 수 있을까요?

내가 감정 그 자체는 아니라는 것을 깨닫게 되면

어떤 변화가 일어날까요?

SOS,
감정조절을 위한 응급처치

감정조절을 본격적으로 연습하기 전에, 다음에 나와 있는 재미있는 그림을 한번 볼까요. 뇌 과학자 다니엘 시걸이 개발한 '핸드 모델hand model'입니다. 뇌의 구조와 손 모양이 닮은 것에 착안해 만들어진 모델이지요. 뇌의 구조를 간단히 파악하는 데 용이합니다.

그림에서 보면, 손목은 척수를 나타내고 다섯 손가락은 뇌의 여러 부분을 나타내고 있습니다. 엄지손가락을 접어 손바닥에 붙였을 때, 엄지손가락과 엄지손가락의 안쪽 통통한 부분이 바로 우리 뇌의 대뇌변연계에 해당합니다. 남은 네 개의 손가락은 대뇌피질과 전두엽이죠.

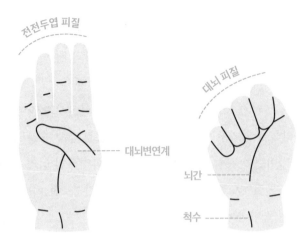

전전두엽 피질

대뇌피질

대뇌변연계

뇌간

척수

　이렇게 엄지손가락을 손바닥에 붙이고, 나머지 네 개의 손
가락으로 엄지를 감싸듯 주먹을 쥐면 그 모습이 뇌의 구조와
매우 닮았습니다.

　스트레스가 없을 때 우리의 뇌는 이 주먹진 형태를 유지하
며 그 속에서 뇌의 각 부분이 유기적으로 상호작용 합니다. 그
에 따라서 감정과 이성이 조화를 유지하며, 합리적인 의사결
정이 가능해지지요. 그러나 불편한 자극이 발생하면 변화가
일어납니다. 뇌의 전두엽 부분에 해당하는 네 개의 손가락이
벌떡 열리면서 마치 숫자 4를 표현하는 모양으로 바뀝니다.
　속된 말로 표현하자면, 소위 뚜껑이 열린 상태죠. 이런 식으로 전두엽이 열리게 되면, 뇌는 더 이상 합리적이고 이성적인 판단을 할 수 없게 됩니다. 이럴 때 우리는 습관적인 감정 반응, 퇴행적인 방어, 불합리하고 충동적인 말과 행동을 하게 됩니다.

이때 우리가 해야 할 일은 다시 감정을 진정시켜서 이 열린 손가락들을 닫아두는 것입니다. 순간적으로 감정에 압도돼 활짝 열려버린 손가락들을 다시 침착하고 합리적인 뇌의 위치로 돌려놓는 것이지요. 그리고 그것을 위한 **'감정조절 메뉴얼 4단계'**가 바로 다음에 나와 있습니다.

1단계. "뚜껑이 열리는 순간을 포착해야 합니다."

엄마는 아이의 자극에 뚜껑이 열립니다. 그러나 엄마는 스트레스에 압도된 나머지 그 사실조차 깨닫지 못하죠. 감정조절을 위한 첫 번째 스텝은, '내가 지금 평소와 다른 상태라는 것'을 알아차리는 것입니다. 슬슬 열이 오르고 있다는 것을 인식하는 것, 외부의 자극에 상당한 영향을 받고 있다는 것을 알아채는 것이 무엇보다 중요합니다.

저는 코칭 과정에서, 자극과 맞닥뜨리는 순간에 "(자극이) 왔구나"라고 자신만 알아들을 수 있도록 셀프 토크를 하라고 권유합니다.

"왔구나!"

그 목소리는 내면의 안테나를 깨웁니다. '내가 지금 불편하구나.', '지금 감정의 영향을 받고 있구나.' 하는 정보를 정확하게 다시 나에게 알려주는 행동이죠. 물론 이렇게 인식한다고 해서 갑자기 화가 가라앉거나 기분이 좋아지지는 않을 것입니다. 그러나 중요한 것은 그 순간 잠깐의 기회를 얻게 된다는 사실입니다. 자극에 휩쓸리지 않고 좀 더 침착한 대화를 할 수 있도록 자신을 바라볼 기회 말입니다.

2단계. "뚜껑을 닫는 나만의 방법을 찾으세요."

저는 강의에서 종종 '자기 뚜껑 책임제'라는 말을 사용합니다. 자신의 뚜껑은 자기가 관리하자는 의미로 말이죠. 나의 뚜껑이 열렸을 때 누군가 닫아주기를 기대하지 말고 스스로 닫아야 한다는 뜻입니다.

관건은 뚜껑이 열렸을 때 얼마나 빨리 닫느냐에 있습니다. 이때 참는 것은 해결책이 아닙니다. 꾹 눌린 감정은 다른 형태로 드러나 더 큰 부작용을 남기게 되니까요. 감정을 누르는 게 아니라 진정시키는 게 포인트입니다.

다음에, 뚜껑을 닫는 데 도움이 되는 몇 가지 방법들을 설명해놓았습니다. 가장 좋은 방법은 호흡하기입니다. 말을 시작하기 전에 조금 느리고 깊은 숨을 쉬는 것은 언제나 효과적입니다. 뇌를 환기시키는 데 필요한 시간은 15초, 그 시간 동안

"왔구나"를 되뇌고 호흡을 한 번 길게 들이쉬고 내쉬어보세요. 특히 들숨보다 날숨을 천천히, 그리고 길게 내쉬면 몸이 한층 더 부드럽게 이완됩니다.

"들이쉬고 내쉬기!"

주먹을 꽉 쥐었다가 펴면서 숨을 깊게 쉬는 것도 도움이 됩니다. 먼저 숨을 깊게 들이마시면서 두 주먹을 꽉 쥡니다. 최대한 힘을 주면서 몸을 긴장 상태로 만듭니다. 그런 다음 숨을 천천히 내쉬면서 주먹을 폅니다. 이 과정을 여러 번 반복하다 보면, 몸과 마음의 긴장감을 빠르게 낮출 수 있습니다.

혹은 주변의 사물을 눈으로 찬찬히 살피는 것도 좋습니다. 빨간색 물건을 찾아보거나 보이는 사물에 이름을 붙여 보거나 하는 식으로 말이죠. 주변에 시선을 집중시키면 잠깐 동안이나마 압도된 감정에서 벗어나 현실 감각을 되찾게 됩니다.

3단계. "일단 받아들이세요."

끊어넘칠 것 같았던 감정이 잠깐이나마 진정됐다면, 이제는 내 안에서 올라오는 감정을 받아들일 차례입니다. 아이가 몰래 거짓말한 것을 알았을 때, 혹은 친구를 때렸다는 것을 알게 되었을 때 우리는 순간적으로 엄청난 감정에 휩싸입니다.

엄마의
말 그릇

그리고 내 안에서 무슨 감정이 올라오고 있는지 이해하기도 전에 '지금 바로 고쳐놔야겠어'라고 생각하죠.

그러나 이것은 순서가 잘못되었습니다. 마음 정리가 되지 않은 채 어려운 대화를 시작하면 실패는 불 보듯 뻔한 일이죠. 아이의 감정을 헤아리거나 상황을 곧바로 해결하는 대신 일단 엄마 스스로 자신의 감정을 받아들여야 합니다. 내 안에서 느껴지는 감정이 무엇인지 이름 붙여보고, 그게 무엇이든지 일단 받아들입니다. 다음의 말을 따라해보세요.

"예스, 예스, 예스."

아이가 괘씸하게 느껴지는 감정에 "예스"라고 말합니다. 내가 제대로 가르치지 못했다는 불안감에도 "예스"라고 말합니다. 앞으로 어떻게 해야 할지 모르겠다는 걱정과 두려움에도 "예스"라고 말하며 받아들입니다.

이렇게 자신의 감정을 받아들이다 보면, 불같이 일어났던 감정은 곧 사라집니다. "예스"라고 외치면서 감정이 지나가길 기다리는 것은 감정을 다루는 현명한 전략입니다. 적극적으로 감정을 받아들임으로써 그것이 빨리 지나가도록 도울 수 있습니다.

4단계. "원하는 것으로 말을 시작합니다."

자극이 오는 순간을 인지하고, 천천히 호흡하고, 감정을 확인해서 수용하고 나면, 감정은 어느새 정점을 지나 다시 하강 상태로 들어섭니다. 그렇게 감정의 쓰나미가 지나가고 나면 비로소 '내가 원하는 건 뭐지?'라고 스스로에게 질문해볼 수 있습니다.

"내가 원하는 건 뭐지?"

누군가를 탓하는 말을 무심코 내뱉기 전에 자신이 진짜 원하는 게 무엇인지 확인해보세요. 그것을 인지하면 말이 보다 명확해집니다.

'아이를 제대로 가르치고 싶었구나.'

'아이에게 존중받고 싶은 거구나.'

이런 식의 진짜 욕구를 찾아서 그것이 말의 첫 문장이 되게 해야 합니다. 바로 이 첫 문장이, 대화의 방향을 결정 짓습니다.

"신기해요. 요즘은 전만큼 화가 나지 않아요."

"그냥 제 마음이 편해진 것 같아요."

"화는 나지만, 폭발하지는 않아요."

감정을 조절하고, 불편한 감정과 공존하는 연습을 하다 보면 미세한 변화가 서서히 찾아옵니다. 이전 같으면 벌써 비난과 무시의 말을 한바탕 늘어놓았을 일에도 큰 소란 없이 감정을 진정시키는 경험을 하다 보면 뿌듯함이 배가되죠.

우리에게는 이렇듯 단 한 번의 작은 성공 경험이 필요합니다. 혼돈 앞에서 내면의 고요함을 만들고 말로 나와 아이를 지켜냈을 때의 기쁨을 느껴보세요. 아이와의 관계에서 새로운 변화가 시작될 것입니다.

감정과 함께
조화로운 춤을

얼마 전에 있었던 일입니다. 강의를 마치고 집 근처에 다다랐을 때 두 개의 문자가 연달아 도착했습니다. 하나는 학원 선생님의 문자였습니다. 수업 시간이 한참 지났는데 큰 아이가 오지 않았다며 무슨 일이 있냐는 내용이었지요. 다른 하나는 남편의 문자였습니다. 둘째가 갑자기 사라졌다는 것입니다. 아이들을 돌보던 친정 엄마도, 재택근무를 하고 있던 남편도 아이가 어디로 갔는지 몰라서 찾고 있는 중이라고요.

'왔구나.'

가장 먼저 중얼거린 말입니다. 밖에서 일하는 엄마에게 아이가 어디 있는지 모르겠다는 말만큼 불편한 자극이 있을까요. 저는 일단 '왔구나'를 되뇌이며 외부 자극에 휩쓸리지 않기 위해 감각을 세우려는 의지를 발휘했습니다. 심장이 요동치고 머리가 멍해지는 것을 느끼며 아파트 단지에 잠시 차를 세우고 호흡에 집중했지요. 들숨에 하나, 둘, 셋을 세고 날숨에 하나, 둘, 셋, 넷, 다섯을 헤아리면서요. 아까보다 심장박동이 다소 느려졌음을 느끼며 눈을 감고 다음 단계를 이어나갔습니다. 지금 경험하고 있는 감정에 이름을 붙이면서 구별하고, 떠오르는 감정들을 있는 그대로 허용하며 '예스'라고 말했습니다.

'화가 난다. 불안하다. 예스, 예스, 예스.'
'집에 있던 가족들이 원망스럽다. 아이들에게 미안하다. 예스, 예스, 예스'

사실 머리 속에서는 이미 최악의 시나리오가 그려지고 있었습니다. 그러나 그 생각에 휩쓸리지 않도록 마음을 다독이자, 신기하게도 마음의 시야가 더 또렷해졌습니다. 감정이 잠깐 가라앉자 스스로에게 지금 원하는 것을 물었습니다.

'아이들이 안전하길 원한다. 안전하게 돌보고 싶다.'
'일을 할 때는 아이 걱정을 안 하고 싶다.'

이렇게 감정을 정리하지 않았으면, 놀란 마음에 허둥대다가 사고를 내거나 문자를 받자마자 남편에게 전화해 '집에 있으면서 아이도 안 보고 뭐 하는 거냐'고 거친 말을 쏟아 부었을 테지요. 그런데 짧게라도 감정과 마음을 정리하자 누군가를 탓하는 대신, 이성적으로 사고가 돌아가기 시작합니다. 좀 전까지 머릿속을 떠다니던 최악의 상상들도 사라졌습니다.

아직은 날이 어둡지 않고, 아파트 단지에는 차가 다니지 않으며, 여기저기 사람들도 많아서 꽤 안전한 편이라는 데 생각이 미칩니다. 게다가 아이는 단지 내를 잘 알고 있고, 집에 오는 길도 알고 있습니다.

마음을 진정하고 서둘러 차에서 내려 집으로 올라가는데 문자가 도착했습니다. 둘째 아이를 찾았다고요. 놀이터에 있었답니다. 동생을 찾으러 다니느라 큰 아이가 학원에 바로 가지 못했다는 말도 함께 도착했습니다.

"당신도 놀랐지. 고생했어… 고마워."

집에 도착해서 남편에게 제일 처음 한 말이었습니다. 좀 전에 가졌던 단 몇 분의 진정 시간이 없었다면 아마 이것과는 전혀 다른 말을 내뱉었을 테지요.

감정과 싸우는 사람, 감정으로부터 도망치는 사람이 있는가 하면 감정과 춤을 추는 사람이 있습니다. 감정과 싸우는 사람은 매번 격분에서 빠져나오기 어렵습니다. 감정으로부터 도망 다니는 사람은 소소한 행복과 평안함 같은 긍정적인 감정까지 잃어버리게 되겠죠.

반면 감정과 춤을 추는 사람은 다양한 삶의 리듬을 갖게 됩니다. 나름의 방식대로 감정과 함께 어울려 살아가는 법을 터득했기 때문입니다.

엄마가 감정을 조절하고 다루기 시작하면, 아이들도 감정과 어울려 춤을 추는 방법을 배워 나갑니다. 살아가면서 수없이 마주치게 될 슬픔과 분노, 두려움과 불안, 수치심 같은 불편한 감정과도 공존할 수 있는 법을 아이에게 알려준다면, 그것보다 더 값진 유산이 어디 있을까요.

3부

엄마의 말 그릇

다시 시작하는
엄마의 말

수용하는 말:
긍정적이고 따뜻하게

"너는 있는 그대로 소중한 존재야."

: 행동과 존재를 구분하는 말

한때 우리는 아이를 바라보는 것만으로도 가슴이 벅차올랐습니다. 잘하는 게 없어도, 기대치를 채워주지 않아도 행복했죠. 떼를 쓰며 울어 젖히는 모습도 귀여워서 연신 사진을 찍곤 했습니다.

그런데 아이가 자기주장을 시작하고, 말대꾸를 하면서부터는 분위기가 좀 달라집니다. 아니, 이미 그 전부터 미묘한 변화는 시작되었습니다. 다른 아이들보다 연산이 좀 느린 것은 아닐까, 한글 쓰기를 못하는 건 아닐까… 이쯤 되면, 부모의 사랑에도 조건부가 생깁니다. 사랑 가득한 포옹과 미소가 더 이상 무한히 제공되지 않습니다.

코칭을 하다 보면, 이러한 조건부 사랑에 상처받은 어른들을 종종 만나게 됩니다.

"저희 엄마에게 아들은 공부 잘하는 형 하나였어요. 그럴수록 저는 형하고 다른 방식으로 존재감을 드러내고 싶었죠."

"엄마 마음에 들도록 행동하는 날에만 저를 안아주셨어요. 엄마가 안아주지 않는 날은 내가 뭘 잘못했나 생각해야 했어요."

"엄마는 항상 얼굴이나 몸매 지적을 했어요. 뚱뚱하고 못생긴 것을 견디지 못하셨죠. 제 외모가 엄마의 기준에 충족할 때만 기분 좋게 제 이름을 부르셨어요."

조건적인 사랑에 길들여지면 삶이 고단해집니다. 또래관계나 사회생활을 하면서 타인의 시선과 평가에 예민해지기 때문이죠. 남들에게 인정받을 만한 결과를 못 내거나 남들이 좋아할 만한 행동을 하지 않으면 무리 안에 소속되지 못할 거라는 불안감이 생깁니다. 관계 속에서 긴장감이 높고 밖으로 많은 에너지를 쓰기 때문에 쉽게 지치고요.

그렇다면 '나답게 살아가고 자신에게 자연스러운 선택을 해도 괜찮다'는 믿음을 가지게 하려면, 부모의 말은 무엇을 담고 있어야 할까요?

심리학자 칼 로저스는, '무조건적인 긍정적 수용'이라는 개

넘을 강조합니다. 한 사람을 그 사람의 조건이나 행동, 감정으로 평가내리지 않고 그저 존재만으로 가치 있다고 믿으며 따뜻하게 존중하는 것을 의미하죠.

동시에 그는, 아무 조건이나 평가 없이 있는 그대로 받아들여지는 경험을 할 때 인간은 변화할 수 있다고 말합니다. 무조건적인 긍정적 수용의 토대 위에서 자기에 대한 신뢰를 회복할 때, 그제서야 인간은 스스로 성장할 수 있다고 보는 거죠.

부모의 말은 무조건적인 긍정적 수용을 보여줄 수 있어야 합니다. 조건 없이 사랑한다는 것을, 무조건적으로 너의 존재를 환영하고, 기뻐하고, 감사하고 있다는 것을 드러낼 수 있어야 합니다. 말도 안 듣고, 형제자매와 허구한 날 싸우고, 온갖 핑계를 대며 숙제도 하지 않는 아이를 어떻게 긍정적으로 수용할 수 있냐고요?

그래서 존재와 행동을 구분하는 연습이 필요한 것입니다. 아이에게 어떠한 순간에도 지금의 너를 사랑한다는 확신을 주면서, 행동은 교정하고 훈육하는 것… 분명 쉬운 일은 아니지만 불가능한 일도 아닙니다.

행동으로 존재를 평가하지 않도록

큰 아이가 막 4학년이 되었을 무렵의 일입니다. 아이가 저
몰래 핸드폰 게임을 하고 있다는 사실을 어쩌다 알게 되었지
요. 집에서 게임을 허락해주지 않자 학교 끝나고 집으로 오는
길에 친구 핸드폰으로 게임을 했던 것입니다.

이럴 때, 제대로 된 훈육을 하려면 아이의 '행동'에 대해서
만 말을 해야 합니다. '핸드폰으로 게임하지 않기로 했는데 했
다는 걸 알게 됐다, 그것에 대해 얘기를 좀 해봐야겠다'는 태도
를 유지하면 됩니다. 그런데 '부모를 속이는 행동을 하다니 너
는 나쁜 아이다. 어떻게 그럴 수 있니? 벌써부터 엄마나 속이
고, 뭐가 되려고 그러니?'라고 훈육을 시작하면, '너라는 아이
는 정말 못됐구나'로 말이 흘러가게 됩니다. 그런 말이 계속되
면, 어느새 아이 역시 '내가 그렇지 뭐. 엄마도 이런 나를 사랑
해주지 않잖아'라고 생각해버리게 되죠.

아이가 실수할 때는 행동에 대해서 알려주되, 그것과는 별
개로 '네 존재는 소중하고, 네가 무엇을 하든 엄마는 너를 항상
사랑하고 있다'는 진심을 표현해줘야 합니다.

엄마에게서 받은 그 소중한 말이 결국 아이의 마음에 스스
로에 대한 사랑을 심어줍니다. 존재 그대로를 수용 받아 본 아

이에게는 '될 대로 되라' 식의 자기비난이나 자포자기의 마음이 들어서지 않습니다. 결과에 실망하는 일이 생겼을 때에도 자신의 인생 자체를 실패로 바라보지 않습니다.

> **말 그릇이 커지는 셀프 토크**
>
> 행동은 가르치고, 아이의 존재는 수용하자.
> 아이에게 있는 그대로 소중하다고 말해줄 수 있는 사람은 나뿐이다.

부모가 아이의 행동과 존재를 구분해서 바라보면 아이의 말을 경청하게 됩니다. 아이의 마음에서 일어나는 감정과 생각, 욕구를 존중할 수 있게 됩니다. "그렇게 느끼면 안 되는 거다.", "그런 생각하면 나쁜 거다"라고 부정하거나 혼내지 않고 "그럴 수 있다. 그렇다고 네가 잘못된 것은 아니다"라고 말해줄 수 있습니다.

"그런 생각 할 수 있어. 머릿속에 떠오르는 생각을 멈출 수는 없지. 그게 잘못된 건 아니야. 하지만 그 생각을 직접 말이나 행동으로 표현할 때는 신중해야 해."

"시험을 망쳤다고 네가 별로인 것은 아니야. 너는 있는 그대로 소중한 존재야. 다음 시험 때는, 네가 만족할 만한 점수를 받을 수 있도록 함께 방법을 찾아보자."

존재를 이해하는 부모는 아이가 대단한 성과를 내지 않아도 인정의 말을 건넬 수 있습니다. 결과를 칭찬하기 어려운 순간에도 아이가 노력한 과정을 알아봐주고 격려해주죠.

"어려워도 피하지 않고 끝까지 해냈네. 수고 많았어."
"다시 해보려는 모습이 보기 좋다. 엄마가 뿌듯해."

또 잘못된 행동을 가르칠 때도 인격적으로 비난하지 않습니다. '너는 구제불능이야!' 같은 존재를 부정하는 말은 사용하지 않습니다. 행동에 관해 다루되, 존재는 다정하게 바라봐줍니다. 더 좋은 방법을 찾도록 이끌며 도와주지요.

"실수를 해도 변함없이 너를 사랑해. 잘못된 행동은 고쳐나가면 되는 거야."

"동생의 잘못된 행동은 알려줘야 하지만, 동생 자체는 소중하게 대해줘야 하는 거야."

선물 같은 말

아이들이 할머니, 할아버지와 긴 시간을 보내다 보면 갑자기 어른들 눈에 전에는 몰랐던 손주들의 '나쁜 성격'이 보이나 봅니다.

"애가 저렇게 번잡스러워서 어쩌니. 애초에 잡아놔야지."

"저렇게 까다로운 성격은 못 쓴다! 저러면 살기 힘들어져~ 네가 고쳐봐라."

맞습니다. 주의가 산만하고 하나하나 따지는 까다로운 성격이면 사는 게 좀 불편할 수 있습니다. 그러나 아이는 자라면서 변합니다. 게다가 아이는 고쳐 써야 할 대상이 아니죠. 아이를 고쳐야 할 존재로 보게 되면, 엄마의 말 속에 아이는 없고 문제만 남습니다. 무엇보다 아이 스스로 자신이 가진 기질이나 특성을 미워하게 될 수 있지요. 문제 행동을 지적하기 전에 아이 자체를 귀하게 보는 말부터 심어줘야 합니다.

그렇다고 아이의 행동을 모두 다 수용해주라는 뜻은 아닙니다. 부모라면 아이가 더 좋은 방향으로 변화할 수 있도록 도와줘야 하니까요. 하지만 '너는 잘못됐으니 고치겠다'고 생각하는 것과 '너는 더 좋은 방향으로 변화할 수 있으니 내가 도와줄게'라고 생각하는 것은 전혀 다른 결과를 불러옵니다.

큰 아이가 다섯 살 때쯤 친척들과 함께 여행을 떠난 적이 있었습니다. 그때 아이는 한번 울면 멈출 줄 모르고, 마음에 안 들면 고래고래 소리를 지르고, 과격한 행동으로 주변을 걱정시키곤 했지요. 차 안에서 한시도 가만히 있지 못하는 아이를 보면서 이모가 따로 불러 말씀하시더군요.

"애가 너무 부산하다… 엄마가 가장 잘 알겠다만, 검사라도 받아봐야 하는 거 아니냐?"

그 말을 듣고 화가 나기 보다는 아이가 안쓰러웠습니다. 어린이집에서도 그런 말을 듣고, 할머니한테도 듣는데, 이모 할머니한테도 듣게 되었으니까요. 걱정하는 이모의 마음은 고마웠지만, 아이에게 '너와 함께 여행하니 참 좋다'는 말도 같이 들려주셨으면 좋았겠다는 아쉬움이 있었죠. 그날 밤 잠들기 전에 아이를 안고 말해주었습니다.

"우리 아들은 지루한 거 못 참지. 화가 나면 큰 소리로 표현해야 하고. 그래도 엄마는 우리 아들 사랑해. 앞으로는 참고 기다리는 것도 배워야 하는데, 엄마가 옆에서 도와줄게."

아이들은 종종 '나는 공부도 못하는데 엄마가 날 사랑할까?', '이렇게 말썽을 피우는데 나는 나쁜 아이일까?' 하고 의심하고 걱정하고 두려워합니다. 그러니 직접 말해주세요. 엄마는 너라는 존재를 언제나 소중하게 보듬어주고, 도와줄 것이라고. 모든 생명은 사랑만 받으려고 태어난 거라고 말해주세요.

존재를 환하게 비추는 말을 들을 때마다 아이들은 안심하는 눈빛, 진짜 좋은 사람이 되고 싶다는 반짝거림을 보여줍니다.

공부를 잘하든 못하든, 성격이 어떠하든 상관없이 '너는 지금 모습 그대로 귀하다'며 품어주는 부모의 그 말은, 어쩌면 우리의 어린 시절에도 필요했던 말일지 모릅니다. 이 말은 이 세상에서 부모만이 해줄 수 있습니다. 이 귀한 말을 내 아이에게 만은 아끼지 않고 선물해보세요.

말 그릇이 커지는 **말 연습**

"너는 있는 그대로 소중한 존재야."

"그렇게 느낄 수 있어. 그렇다고 잘못된 것은 아니야."

"공부를 잘하든 못하든 소중한 내 딸(아들)이지."

"너는 귀한 존재란다. 잘못된 행동은 고쳐 나가면 되는 거야."

"실수해도 변함없이 널 사랑해. 엄마가 옆에서 도와줄 거야."

"너도 잘해내고 싶었을 거야."
: 긍정적 욕구를 발견하는 말

저희 아이들은 하루에도 수십 번씩 서로 싸웁니다. 형은 동생을 놀리고, 말싸움에서 밀리는 동생은 고함을 질러대면서 소란을 피우는 형국이지요. 특히 큰 아이는 네 살이나 어린 동생이 답답하고 얄미울 때면, 기묘한 표정을 지으면서 약 올리기 일쑤입니다. 저희 집에서는 이런 행동을 '빼빼'라고 부릅니다.

"동생 때문에 화나고 짜증 날 수 있지. 그래도 빼빼 하면 안 돼. 네가 원하는 걸 말로 알려줘야지."

저희 부부는 '빼빼'를 하지 말라고 여러 번 큰 아이에게 주의를 줬습니다. 그럼에도 불구하고 쉽게 고쳐지지 않았죠.

그러던 어느 날, 바쁘게 저녁 준비를 하던 와중이었습니다. 욕실에 잠깐 다녀오려고 종종걸음을 치는데 욕실 옆 놀이방에 있던 아이들에게 시선이 가 닿았습니다. 그런데 그곳에서 큰 아이가 눈, 코, 입 근육을 요상하게 찡그리며 동생에게 빼빼를 하고 있는 게 아니겠어요! 게다가 주방에 있는 제게 들킬 새라, 일부러 소리까지 죽여가며 매우 적극적으로 동생을 놀리고 있었습니다.

그러다 다음 순간, 저와 눈이 딱 마주쳤지요. 큰 아이는 너무 놀라 아무 말도 못하고 그 자리에서 얼음이 되더군요.

"너! 엄마가 그거 하지 말랬지! 4학년이나 된 애가 말귀를 못 알아듣니!"
"이제는 아주 엄마 몰래 하시는구먼! 그래 놓고 네가 형이니!"
"이번 주 게임 금지야! 말로 해서는 안 되겠다!"

이런 말들이 순식간에 머릿속을 스쳐 지나갔지만, 결국 저는 큰 아이의 마음속에도 '긍정적인 욕구'가 있을 거라는 걸 떠올렸습니다.
"너도 참고 싶은데, 잘 안 되지? 엄마랑 한 약속을 지키는 게 쉽지 않을거야. 그래도 계속 노력하자. 빼빼 하지 말고, 네가 원하는 걸 동생에게 정확하게 말해줘."

모든 행동의 이면에는 긍정적인 욕구가 숨겨져 있어.
아이도 잘해내고 싶었을 거야.

아이는 진짜 약속을 지키려고 노력했을까요? 실제로 그런 바람직한 욕구를 가졌을까요? 지금 이 순간, 혼나지 않으려고 머리 쓰는 것은 아닐까요? 이런 반문은 중요하지 않습니다. 아이들은 자신의 긍정적인 욕구를 알아차리지 못할 때가 많으니까요.

부모는 거칠고 서툰 행동 속에도 숨겨진 보석이 있다고 믿어주는 사람입니다. 진실 공방을 하는 대신 짜증 속에 가려진 예쁘고 고운 마음을 발견해서 이야기해주는 것에 정성을 쏟으면 됩니다.

모든 욕구는 긍정적이라는 말, 기억하시나요? 부정적으로 평가받는 아이들의 수많은 말과 행동의 근간에도 사실은 긍정적인 욕구가 자리합니다. 아이들은 사랑받고 싶어 합니다. 부모와 친구들에게 인정받고 싶어 합니다. 잘해내길 원하며, 경쟁에서 승리하길 원하고, 성취하기를 바랍니다. 성장하고 싶어 하고 언제나 더 나은 사람이 되고자 하는 욕구를 지녔습니다.

"동생을 이기고 싶었구나. 형제끼리 경쟁할 수 있지. 그런데 지금보다는 더 매너 있는 방법을 찾아야겠어."

"너를 보호하고 싶었을 거야. 하지만 너보다 어린 동생을 몸으로 밀어서는 안 돼."

"동생한테 존중받고 싶었지? 동생이 형한테 막하니까 화가 나서 한 말일 거야. 하지만 어떻게 행동할 때 동생이 더 너를 존중하게 될지 같이 생각해보자."

아이의 숨겨진 욕구를 직접 알려주며 변화를 이끄는 방법도 좋지만, 엄마 스스로 그러한 모습을 보여주는 것도 좋은 모델링이 됩니다. 기분이 나쁘다고 해서 "아유, 저 놈의 버르장머리를 고쳐놔야지!" 하고 말하는 대신 "엄마는 너한테 제대로 가르쳐주고 싶어"라고 말하는 것이죠. 엄마의 긍정적인 의도를 아이에게 들려주는 것입니다. "넌 도대체 애가 왜 이 모양이니!"라고 말하는 대신 "엄마가 널 이해하고 싶어서 그래"라고 말해줄 수 있습니다.

부모는 변화가 일어날 때까지 가르치는 사람입니다. 그러려면 본래 아이가 가진 긍정성과 가능성을 믿어야 합니다. 우리 자신을 생각해보세요. 아이에게 소리를 지르고 유치하게 말싸움을 벌인 날에도 우리의 마음속에는 항상 아이를 향한 긍정적인 욕구가 있습니다.

그러니 아이에게도 긍정적인 의도가 있다고 다시 믿어주세요. 그 귀한 싹이 마르지 않도록 마음에 물을 주세요. 아이의 진심을 향해 한 걸음만 더 들어가보려는 용기와 지혜를 가질 때 결국 부모도 함께 웃을 수 있습니다.

긍정적 욕구를 발견하는 **말 연습**

"너도 잘해내고 싶었을 거야." (약속을 지키지 못한 아이에게)

"너 자신을 보호하고 싶었구나." (동생에게 화내는 아이에게)

"엄마가 네 마음을 알아줬으면 했니?" (엄마에게 짜증 내는 아이에게)

"친구에게 존중받고 싶었구나." (친구를 탓하는 아이에게)

"선생님께 네 노력을 인정받고 싶었겠네." (선생님을 원망하는 아이에게)

"하기 싫으면 짜증 날 수 있지."
: 내면의 경험을 인정하는 말

코로나가 기승을 부리던 어느 해 겨울, 확진자 수가 현저히 줄어드는 추세라는 말에 아이들과 모처럼 생활용품 쇼핑에 나섰습니다. 그러나 작정하고 꽤 먼 거리를 달려 도착한 그곳은 예상과 달리 사람들로 북적였습니다. 오랜만에 집 밖을 나선 사람들이 큰 매장 가득 서로의 어깨를 부딪히며 오가고 있었죠.

갑자기 아이들을 끌고 온 것이 후회됐습니다. 그렇다고 거기까지 가서 그냥 돌아올 수는 없었죠. 최대한 빨리 쇼핑을 끝내보자 마음먹고는, 아이들 손에 원하는 장난감을 한 개씩 쥐어주었습니다.

그렇게 한동안 종종걸음으로 매장 이곳저곳을 헤집고 다니다 보니, 어느새 등에는 땀이 차고, 마스크 안쪽은 축축해지고, 두 아들 녀석을 실은 카트는 무겁게 느껴집니다. 그때 카트 안에서 거의 반쯤 드러누운 큰 아이가 말합니다.

"아~ 집에 가고 싶다…."

'나도 제발 가고 싶다'고 생각했지만 아무 대꾸도 하지 않았습니다. 말이 좋게 나갈 것 같지 않았거든요. 그러자 아이가 한 번 더 소리 높여 말합니다.

"아~~~ 빨리 집에 가고 싶다~~~~!"

그 순간 명치에서부터 화가 끓어오르는 게 느껴졌습니다. 엄마가 얼마나 힘든지 알아보지도 못하는 아들, 눈치 없이 카트에 올라타서 불평이나 하는 아들로 느껴졌죠. 결국 저는 화를 참지 못하고 카트를 벽 쪽에 밀어 붙이고는 나지막하게 그러나 한 글자씩 꾹꾹 누르며 말했습니다.

"너, 지금 엄마 힘든 거 안 보이니? 지금 너만 생각해?"

"…엄마, 나는 그냥 가고 싶다고 한 거예요. 가자고는 안 했잖아요. 힘들어서 집에 가고 싶은데, 내 마음을 그냥 알아주면 되는데…."

"…어? (그래… 알아주기만 하면 되는데…) 그렇지. 힘들면 집에 가고 싶지. 근데 시간이 좀 더 필요해. 아마 한 30분 정도. 차에 탈 때까지 가만히 있어줄 수 있니?"

"네, 알겠어요…."

'힘들어서 가고 싶다'는 감정과 욕구에는 옳고 그름이 없습니다. 그것은 아이의 마음속에서 실시간으로 생겨나는 것들이고, 엄마를 신뢰하고 있으니 그렇게 표현할 수 있었던 것이죠.

그러나 저는 그 순간, 아이의 감정과 욕구를 판단하고 평가했습니다. 바람직하지 않다고 여겼습니다. 당장 집에 돌아갈 상황이 아니었으니까요. 또 저를 배려하지 않는 말이라 단정 지으며 저를 재촉하는 일방적인 요구로 받아들였죠. 그래서 "힘드니?"라는 말이 나오지 않았습니다.

평소에 공감을 잘하는 엄마라도, 마음이 불편할 때 공감력을 발휘하기란 쉽지 않습니다. 너무도 당연합니다. 그럴 때는 지나치게 애쓰는 대신, **'아이의 감정과 경험을 무시하지 않겠다'**를 목표로 삼으세요. 아이의 말에 동의할 수 없고, 왜 이런 행동을 하는지 이해되지 않더라도 **'네가 그런 감정을 느끼는 데는 너 나름의 이유가 있겠지.', '네 입장에서는 그렇겠다'**까지는 반응하도록 해보세요.

말 그릇이 커지는 셀프 토크

네 입장에서는 그렇겠다. 그렇게 느낀 데는 나름의 이유가 있겠지.
공감하지 못해도 괜찮아. 아이의 경험을 인정해보자.

아이가 힘들어 하니, 당장 집에 가야 한다는 뜻은 아닙니다. 엄마에게 같은 말을 반복하며 칭얼거린 행동이 바람직하다는 뜻도 아니고요. 단지 그 순간, 아이가 표현한 감정이나 욕구에 대해서는 "응, 그렇구나. 그런 것 같아"라고 알아줄 수 있다는 것이죠.

아빠에게 화가 났다고 소리 지르는 행동은 옳지 않지만, 그 행동 이면에 있는 소리 지르고 싶은 감정은 인정해줄 수 있습니다. 학원 가기 싫다고 징징거리는 아이에게 "그래, 가지 말자." 할 수는 없습니다. 그러나 더 쉬고 싶고, 놀고 싶은 아이의 욕구는 알아봐줄 수 있지요.

"소리 지르고 싶을 만큼 화난 건 알겠어. 그런데 지금처럼 그렇게 말해서는 안 돼."

"쉬고 싶을 때가 있지. 그렇다고 해야 할 일을 미룰 수는 없단다."

이 화법을 사용할 때는 공감을 연기하거나 너무 과하게 미안해하거나 안타까워할 필요는 없습니다. 담담하게 '너의 상황은 알겠어, 그런데 지금은 이렇게 해'라는 인정과 지시의 말을 일관된 뉘앙스로 전달하는 게 중요합니다.

아이가 걱정되는 행동을 보일 때면 엄마는 '저러다 큰일나

겠네.', '내가 너무 좋게만 말해서 버릇이 나빠졌나?' 하며 고민하기 쉽습니다. 그래서 단번에 상황을 바꾸기 위해 거친 표현을 쓰게 되죠. 하지만 그런 방식은 효과가 없습니다. 순식간에 감정 싸움으로 치달을 뿐입니다.

조금만 잘 안 돼도 '아, 망했어!' 하는 아이를 볼 때마다 '얘가 끈기가 없네. 나중에 공부는 잘할까?'라고 걱정하기 시작하면 자기도 모르게 말이 세집니다. 그러나 '아직 감정 조절하는 법을 모르네.' 하고 바라본다면 조금씩 도와줘야 할 것들이 보이기 시작하죠.

하루에도 몇 번씩 "학원 가기 싫다.", "숙제하기 싫어"라고 말하는 아이를 볼 때마다 엄마들은 가슴이 답답해집니다. '커서 뭐가 되려고 저러나.', '저러니 시험을 못 봤지.' 하는 생각들을 곱씹다가, 결국엔 "넌 대체 하고 싶은 게 뭐냐!"고 버럭하기 십상이죠.

하지만 생각해보면 우리들도 그렇습니다. 월요일마다 "출근하기 싫다"고 중얼거리고, 매일 저녁 "밥 차리기 귀찮다"고 말하지요. 그러면서도 매일 출근을 하고 식사를 준비합니다. 그런데 누군가가 "그럴 거면 회사 때려쳐!"라고 하거나 "그런 소리 들으니까 입맛이 떨어진다"라고 한다면 그때의 우리 마음은 어떨까요?

아이의 감정과 욕구에도 나름의 이유가 있습니다. 부모가 듣기에 불편하다고 해서 아이의 경험 그 자체가 잘못된 것은 아닙니다. 그것에 동의하거나 공감할 수 없을 때라도 '너는 그렇구나'라고 인정해주세요. 감정, 욕구, 생각, 기대와 같은 자신의 내적 경험을 부정당하지 않을 때 아이는 존중 받는다는 느낌을 갖게 됩니다.

내면의 경험을 인정하는 **말 연습**

"힘들어 보이네. 집에 가고 싶구나." (집에 가자고 짜증 내는 아이에게)

"소리 지르고 싶을 만큼 화난 것은 알겠어." (아빠에게 소리 지르는 아이에게)

"숙제하기 싫으면 짜증 나지." (숙제하기 싫다고 짜증 내는 아이에게)

"쉬고 싶을 때가 있지." (학원 가기 싫다고 말하는 아이에게)

"정말 갖고 싶은가 보네." (물건을 사 달라고 조르는 아이에게)

"엄마는 네가 그냥 참 좋아."
: 존재를 환영하고 기뻐하는 말

"아들~ 다시 만나서 반가워, 수고 많았지~? 오늘 내내 보고 싶더라."

"엄마~~ 영어학원 버스에서 같이 내리는 친구가 그러는데, 걔네 엄마는 걔 얼굴 보자마자, '오늘 영어단어 시험 몇 점 맞았어?'라고 물어본대. 그게 싫대. 친구 엄마는 왜 그럴까?"

마침 시간이 맞아 아이의 학원 마중을 나갔다가 들은 말입니다. 시험 성적부터 물어보게 되는 엄마의 마음을 아이는 알까요. 저라고 궁금하지 않고, 걱정되지 않는 게 아닌데요. 그러면서도 엄마가 성적보다 자신을 먼저 반가워해주길 바라는 아이의 마음도 함께 이해됐기에 안타까웠습니다.

저마다 내 아이에게 특별히 신경 쓰는 것들이 있습니다. 저는 부모가 아이의 존재를 진심으로 좋아하고, 환영하고 있다고 느껴지도록 애쓰는 편입니다. 그것을 위해 혼자만의 약속들도 몇 가지 정해 놓았죠.

예를 들어, 아침에 아이들을 깨울 때 일어나라고 소리를 지르거나 불을 켜서 깨우지 않습니다. 발이나 볼, 머리를 문지르면서 "좋은 아침이야. 엄마는 우리 아들 이렇게 자란 발도 참 좋아"라고 말합니다. 아침부터 엄마의 사랑을 듬뿍 건네주고 싶어서요.

아이가 밖에 나갔다 돌아올 때면 반가운 기색으로 활짝 웃습니다. 치아가 보이도록 크게 말이죠. 청소를 하고 있든, 통화를 하고 있든 아이가 들어오면 '너를 만나서 참 좋다'는 마음을 전해주려고 손을 위로 크게 흔듭니다.

아이랑 대화할 때는 많이 웃으려고 노력합니다. 그럭저럭 재미있는 이야기라도 가장 흥미롭게 듣습니다. '엄마는 너랑 대화하는 게 재미있어'라는 메시지를 전해주고 싶거든요. '우리 엄마는 내 얘기를 참 좋아해.', '내가 우리 엄마만큼은 웃길 자신 있지!'라고 믿게 만들고 싶습니다.

공부를 마치고 오는 아이에게 "숙제 다 했어?", "몇점 받았어?"를 먼저 물어보지 않도록 신경 씁니다. 너무 궁금해도 순서를 기다리며 참습니다. 엄마가 자신보다 성적이나 숫자에 관심이 있다고 느끼게 하고 싶지 않으니까요.

아이가 잘못을 해도 사과하면 일단 받아줍니다. 물론 진심이 아닐 때도 있다는 것을 압니다. 더 혼나고 싶지 않아서 서둘러 죄송하다고 말할 때도 있다는 것을요. 그럴 때도 따지지 않고 그냥 받아줍니다. 그런 다음 "엄마는 너를 끝까지 용서하고, 다시 믿어주는 사람이야"라고 말해주죠.

일상 속 순간마다 "네가 참 좋아", "사랑해"라고 자주 말해줍니다. 뭔가를 잘했거나 기특할 때가 아닌 평범한 순간에 일부러 애정을 표현합니다. 밥 먹다 눈이 마주쳤을 때, 소파에서 만화책을 읽으며 빈둥거리고 있을 때, 과일을 우걱우걱 먹고 있을 때 갑자기 "사랑해"라고 말합니다. 존재를 환영하는 말은 특별하지 않은 순간에 들었을 때, 더 큰 빛을 발한다고 믿으니까요.

잠들기 전, 엄마는 너희들을 가졌을 때 참 행복했다고 말해줍니다. 부모의 삶은 힘들기도 하지만 그보다 더한 행복이 있다는 걸 너희를 통해 알았다고… 너희들이 세상에 찾아와줘서 얼마나 기뻤는지를 지치지 않고 말해줍니다.

"네가 참 좋아."

"엄마는 네 눈, 코, 입 이렇게 자란 발까지 좋아해."

"오늘 하루 잘 지냈어? 보고 싶더라."

"엄마는 너랑 얘기하는 게 참 재미있어."

"너를 끝까지 용서하고 믿어줄 거야."

"엄마가 널 가졌을 때, 얼마나 행복했는지 알아?"

저는 어릴 적 '나는 환영받는 존재인가?', '우리 엄마는 나를 사랑할까?'라는 질문을 달고 살았습니다. 부모님이 결혼 전에 저를 임신하고 차마 지울 수 없어 낳았다는 말을 했을 때, 학교에 입학하기도 전에 이혼하셨을 때, 저를 작은 아버지 댁에 맡기고 뿔뿔이 흩어져 살았을 때… 삶의 순간순간마다 그런 의심에 빠져들곤 했습니다. 어린 나이에 그 답을 찾는 일이란 너무 무섭고 어려웠죠.

그래서 누군가가 대신 답해주기를 바랐습니다. 너는 환영받는 존재라고 다른 사람이 내게 확신을 주기를 바랐죠. 그 때문에 타인의 인정을 받는 데 너무 많은 에너지와 시간을 썼습니다. 돌아보면 치열하고 외로운 삶의 구간이었습니다.

그랬기에 제 아이들에게만큼은 자신의 존재가 부모에게 그리고 가족 모두에게 얼마나 큰 의미인지 느끼게 해주고 싶습니다. 아이들이 사랑을 의심하며 자신의 삶을 소비하지 않기를, 넘치는 사랑을 받은 자의 겁 없는 얼굴을 언제까지나 잃어버리지 않기를 바라고 또 바랍니다.

말 그릇이 커지는 **셀프 토크**

아이는 자신이 환영받는 존재인지 확인하고 싶어 한다.
사랑은 말로 표현할 때 전달되는 거야.

다정한 스킨십도 좋은 대화가 됩니다. 아이가 어리다면 하루에도 몇 번씩 안아주세요. 자라면서는 얼굴과 머리를 쓰다듬고, 손을 잡고, 등을 도닥이고 같이 손바닥을 부딪히며 하이파이브를 해보세요.

남편은 아들과의 스킨십을 아직도 가끔 어색해 합니다. 자라면서 그러한 스킨십을 받아본 적이 별로 없었기 때문이겠죠. 아들이 와락 달려와 안기면 놀라기도 하고, 먼저 아들을 안아줄 때도 조금은 노력이 필요했다고 고백합니다.

사실 모든 부모가 자녀와의 스킨십이 편한 것은 아닙니다. 누구에게나 노력이 필요한 순간들이 있죠. 사랑하는 마음을 표현하는 것에는 언제나 약간의 노력이 필요합니다. 아이가 집에 들어설 때, 살짝 용기를 내어 환영해보세요. 서로 반가움을 표현하는 사이가 되면 아이가 커갈수록 엄마도 덜 외롭습니다.

저는 여전히 아이들에게 말 실수를 합니다. 작은 일에 엉뚱하게 화를 내고, 두세 번 말해도 안 들으면 짜증을 내고, 아들의 말대꾸에 비슷한 수준의 반격을 하면서 마음에도 없는 뾰족한 말을 하고 나서는, 또 금세 사과합니다.

그럴 때마다 아이들은 끝없이 저를 용서해줍니다. 여전히 부족한 언행을 보이는 엄마의 존재를 사랑해줍니다. 저는 그

힘으로 다시 마음을 비워내고 배우며 아침을 맞이하지요. 그래서 오늘도 저는 제 힘이 닿는 데까지 아이들의 존재를 환영하고, 기뻐하고 싶습니다. 그것이 저를 살리고 가정을 채워줄 것임을 이제는 알고 있습니다.

존재를 환영하고 기뻐하는 **말 연습**

"사랑해, 오늘도."

"잘 지냈어? 보고 싶더라~."

"엄마는 네가 그냥 참 좋아"

"네 엄마라서 얼마나 좋은지 몰라"

"부모가 된다는 것은 행운이야."

엄마의
말 그릇

가르치는 말:
분명하고 일관되게

"너는 지금 배우는 중이야."

: 원칙과 기준을 알려주는 말

요즘 엄마들은 열심히 공부합니다. 친구 같은 부모가 되기 위해 마음을 알아주는 공감 화법을 배우고, 강요하거나 협박하지 않기 위해 아이의 의견을 묻습니다. 가능하면 자녀가 원하는 것을 따라주려고 노력합니다. 덕분에 예전처럼 "그럴 거면 다 때려쳐, 너한테 들어가는 돈이 얼만데!", "쟤는 말로 하면 안 들어, 맞아야 정신을 차리지!"와 같은 부모의 거친 말은 많이 줄어들었습니다.

그러나 이번에는 부모의 마음에 문제가 생겼습니다. 아이를 존중해주려고 애를 쓰는데 어쩐지 제대로 되는 것 같지 않습니다. 부모로서의 권위나 육아효능감은 낮아지고, 아이의 행동이 통제되지 않으니 제대로 가르치지 못했다는 절망감이 높아집니다.

부모의 사랑은 방향과 강도가 조절된 상태로 표현되어야 합니다. 일방적이어서는 안 되고, 자녀에게 필요한 정도로 제공되어야 하죠. 특히 기준과 한계가 없는 '우리 아이 특별 대우'는 독으로 변질되기 쉽습니다.

지나치게 좋은 것만 골라 먹으면, 입맛에 맞지 않는 것은 피하게 됩니다. 주인공이기만 했던 아이들은 나 중심으로 돌아가지 않는 세상에서 좌절합니다. 원하는 것을 어렵지 않게 손에 쥐어 본 아이들은 참고 기다리고 버틸 때 맛보게 되는 진정한 가치를 모를 수 있습니다. 부모의 감정과 욕구는 돌보지 않고, 아이의 기분과 자존감을 올리는 데 온 신경을 기울이다 보면 아이들은 그것을 '부모의 당연한 의무'로 받아들입니다. 결국 한계점이 되어서야 그동안 버티고, 견디고, 미루어놓은 부모의 감정이 터지면, 아이들은 영문을 몰라 당황할 수밖에 없지요.

우리에게는 균형을 잡는 능력이 필요합니다. 무한한 사랑을 주되 한계를 가르칠 수 있어야 합니다. 두려움과 수치심을 주지 않도록 배려하면서도 잘못은 알려주어야 하고, 아이의 마음을 공감하고 수용해주는 것처럼 부모 자신의 감정과 욕구 역시 존중받도록 해야 합니다. 기분이 흔들릴 때라도 담담하고 일관되게 원칙을 말해줄 수 있도록 중심을 잡아야 합니다. 그것이 권위적이지 않게 권위를 가진 부모가 되는 방법입니다.

오늘, 당신은 어떤 말로 자녀를 가르쳤나요?

당신의 말을 통해서 아이는 무엇을 배우고 깨달았을까요?

좋은 코치들은 선수의 자질을 믿고, 그와 함께 협력하는 방법을 압니다. 피드백을 주고, 연습을 시키며 해낼 수 있도록 돕습니다. 약점을 보완하면서 스스로의 강점을 잘 발휘할 수 있도록 가르치고 육성합니다.

부모 역시 내 아이의 성공적인 독립을 지원하는 코치입니다. 우리의 손을 놓는 그날까지 애정으로 가르치고 또 가르쳐서 결국 그들이 혼자 뛰는 멋진 경기를 지켜보는 사람들이죠.

훈련과 연습 없이 성장할 수 있는 사람은 아무도 없습니다. 따라서 부모라면 가르침의 기준과 원칙을 분명하게 세워야 합니다. 무엇을 중요하게 가르칠지, 어디까지 자율성을 주고 어디까지 원칙에 따르게 할지에 대한 메뉴얼이 있어야 합니다. 그래야 아이들이 신뢰를 가지고 부모의 리더십을 따라 한 걸음씩 성장해나갈 수 있습니다.

나는 어떤 기준을 가졌을까

일곱 살 아들이 재택근무 중인 아빠 주변을 서성입니다. 한 걸음씩 다가가더니 아빠의 몸을 툭 건드려 봅니다. 아무 반응이 없자, 아이는 더 적극적으로 행동하기 시작합니다. 키보드 자판 끝을 톡, 톡 두드려 봅니다.

"하지 마. 아빠 일하니까 저리 가서 놀아."

남편은 모니터에서 얼굴을 떼지 않은 채 주의를 줍니다. 잠시 상황을 살피던 아이는 또다시 키보드 자판 아무 곳이나 탁탁 누릅니다. 모니터에 괴상한 오타들이 생겨났습니다.

"뭐 하는 거야! 너 지금 아빠가 얼마나 중요한 일 하는지 몰라서 그래?"

급기야 남편이 폭발하자 아이는 서러운 울음을 터뜨립니다. 아빠랑 놀고 싶은데 그럴 수 없어서 속상하다는 말을 삼킨 채, 아이는 뒤돌아서 제 품에 안깁니다. '아이는 저 보고서가 얼마나 중요한지 모르지, 알려줘야 알지.' 아이를 안고 있는 제 머릿속에 그런 생각이 스쳐 지나갔습니다.

우리는 가르쳐줘야 한다는 사실을 종종 잊곤 합니다. 매 순간 무엇이 중요한지, 얼마나 중요한지 아이에게 알려줘야 한다는 사실을요. 가르치는 데 시간을 아끼면서, 아이가 그 정도는 알고 있어야 한다고 생각합니다. 때론 알면서도 일부러 저런다고 믿어버리기도 하지요.

"아빠는 이 일을 빨리 끝내야 해. 기다리는 사람이 있거든. 너도 차례를 기다려야 해."

만약 잠시 시간을 내어 이렇게 말해줬더라면 어땠을까요? 아이의 눈을 보며 지금 아빠에게 중요한 것이 무엇인지, 그래서 지금 네가 해야 할 행동이 무엇인지 가르쳐줬다면요. 여전히 아들은 아쉽고 서운했겠지만, 무엇을 위해 얼마나 기다려야 할지 구체적으로 알게 됐을 것입니다. 제가 이런 상황을 대신 설명해주자 아들은 이렇게 말합니다.

"알겠어요, 얼마나 기다려야 해요?"

부모는 아이의 곁에서 차근차근 가르치는 사람입니다. 원칙과 기준을 알려주는 어른입니다. 할 수 있는 일과 해서는 안 되는 일을 가르쳐줘야 합니다. 우리 가정에서는 무엇이 중요한지, 무엇을 더 우선하는지에 대해 설명해줘야 합니다. 이때 가르침이 흔들리지 않고 일관되려면 부모의 가이드 라인이 명확해야 합니다.

어느 날, 초등학생 아이에게 이런 말을 들었다고 해봅시다.

"엄마, 학원 친구들이 말을 거칠게 해요. 욕도 하고⋯ 오늘 나한테 막 그러길래 나도 친구한테 '닥쳐!'라고 말했어요. 그러니까 더 건들지 않더라고요."

이럴 때, 여러분은 어떤 말을 가장 먼저 해주고 싶은가요? 무엇을 가르치고 싶은가요? 중요하게 생각하는 기준에 따라서 나오는 답도 제각각일 것입니다.

"그래도 욕을 하면 안 돼! 하지 말라고, 싫다고 말해야지."

"요즘 애들은 참 무섭구나! 좋은 친구를 찾아서 친하게 지내보렴."

"잘했다! 만만하게 보이면 계속 그럴 거야!"

"친구와 있었던 일을 엄마에게 솔직하게 말해줘서 고마워. 그게 중요해."

바른 말씨를 중요하게 생각했다면 첫 번째 문장처럼 말이 나왔을 것이고, 친구관계를 중요하게 생각했다면 두 번째 문장과 같은 말이 먼저 나왔겠지요. 이렇듯 가르침의 말에는 부모의 우선 순위와 삶의 기준 등이 묻어 있습니다. 아이들은 이러한 말을 들으며 자신의 가치관과 태도를 만들어 나가게 될 것이고요. 그러니 부모라면 '나라는 사람이 무엇에 의미를 부여하고 어떤 것을 중요하게 여기며 살고 있는지'를 먼저 인식하고 그것을 좋은 방향으로 다듬어나가야 합니다. 그리고 그 가치들을 아이들에게도 제대로 가르칠 수 있어야 합니다.

아이의 부정적인 행동을 봤을 때 '쟤 혼나야겠네'라고 마음먹는 대신 '다시 가르쳐야겠어'라고 생각할 줄 알아야 하고,

엄마의
말 그릇

'저런 행동을 하다니 짜증 나'라는 마음 대신 '지금 아이는 어떤 걸 배워야 할까?'라고 생각해야 합니다.

아이들은 자라면서 친구들과 비교하며 여러 가지 요구를 해옵니다. 왜 자신은 게임을 더 할 수 없는지, 왜 핸드폰은 사주지 않는지, 또래가 가진 물건을 왜 나만 못 가지는 것인지 등 나열하자면 끝이 없습니다.

그럴 때마다 부모는 간결하게 알려주면 됩니다. **우리는 '~을(를) 중요하게 생각하기 때문에 당장 해줄 수 없다'**고 말하세요. 또한 그것을 통해 **아이가 '~을(를) 배워야 하는지'**도 알려주세요. 길게 말할 것 없이 그게 우리가 너를 키우는 방식이자 부모의 역할이라고 알려주면 됩니다. "분위기 파악 좀 해라!", "엄마가 일일이 말해줘야 아니"라는 식으로 말이 길어지지 않도록 주의하세요.

새로운 연습을 한다는 것은 대부분 불편합니다. 부모의 설명에도 아이는 짜증을 내고, 거부하고, 듣기 싫어할 수 있습니다. 그 자연스러운 감정에 부딪혀 넘어지지 말고 가르쳐야 할 것들을 담담하게 보여주세요.

예를 들어, 친구들은 다 핸드폰이 있는데 왜 나만 없냐고 툴툴거리는 아이에게는 다음과 같이 말해줄 수 있습니다.

"집마다 기준이 다른 거야. 핸드폰 사용 시기에 대한 기준은 부모마다 다를 수 있어."

"엄마는 핸드폰을 갖기 전에 참고 조절하는 힘을 기르는 게 먼저라고 생각해."

분명 오늘은 장난감 안 사는 날이라고 약속했음에도 불구하고, 쇼핑몰에 들어서기만 하면 조르는 경우는 어떨까요. 그럴 때도 아이가 그 순간에 배워야 할 것을 차분하게 알려주면 됩니다.

"안 돼. 약속되지 않은 것은 사줄 수 없어. 엄마는 그걸 알려주는 사람이야."

"원하는 걸 당장 얻지 못할 때도 있어. 넌 그걸 배우는 중이야."

가르치는 말을 할 때 중요한 것은 아이가 뿜어내는 부정적인 에너지에 함께 휘말리지 않는 것입니다. 부모가 간결하고 일관되게 자신의 기준을 자주 말해주는 것이 중요합니다.

도대체 언제까지 해야 하냐고요? 아이가 '어쩔 수 없지. 그게 우리 집의 방식인 걸.' 하고 받아들일 때까지 하겠다고 마음 먹으세요.

규칙 카테고리 나누기

하임 G. 기너트는 자신의 책 《부모와 아이 사이》[*]에서, 집 안에서의 규율을 격려, 허락, 금지라는 세 가지 영역으로 나누어 설명하고 있습니다.

예를 들어 설명해볼까요. 저희 집에서는 게임을 할 수 있는 나이와 횟수, 시간을 정해놓고 있습니다. 유튜브를 비롯한 영상매체를 시청하는 시간과 인터넷 검색이나 탭을 활용할 수 있는 조건들도 정해 놓았습니다. 이 기준을 벗어나지 않는 선에서 아이들은 자신이 선호하는 컨텐츠를 본인의 방식대로 즐깁니다. 이 영역에서는 아이들이 뭐가 되고, 안 되는지를 알고 있습니다. 즉, 격려가 필요한 영역이지요. 부모는 "재미있게 즐

[*] 《부모와 아이 사이》, 하임 G. 기너트 저, 양철북

겨!"와 같은 말로 관심을 표현해주고 "잘 지켜줘서 고맙다!" 같은 말로 아이들의 행동을 격려해줄 수 있습니다.

허락의 영역은, 특별한 이유가 생겨서 예외적인 허락이 허용되는 영역입니다. 아이가 아프다거나 새로운 환경에 적응 중이거나 축하나 위로가 필요한 상황들이 이에 해당합니다. 예를 들어, 오랜만에 친구들이 놀러 와서 다 같이 게임을 하는 중이거나 정말 얻기 힘든 아이템을 5분 후에는 얻을 수 있다면 아이는 게임 시간을 좀 더 늘려달라고 부탁하겠죠. 그럴 때는 아이의 요청을 너그럽게 들어줄 수 있습니다. 물론 늘 허용해줘야 하는 것은 아닙니다. 각각의 상황에 대한 판단은 부모에게 달려 있습니다.

마지막으로는, 금지의 영역이 있습니다. 가족의 건강과 행복을 위해서, 타인을 배려하고 사회적으로 용인되는 행동을 배우기 위해서 무조건 중단시켜야 하는 행동들이 이 영역에 속합니다. 예를 들어, 저희 집에서는 아직 일곱 살인 둘째는 게임 시청을 할 수 없습니다. 자극적인 장면과 욕설이 많이 등장하기 때문이지요. 형을 따라 보고 싶어 하지만 절대 허용하지 않습니다. 또 하나, 미디어 시청 시간을 속이면 다음 날 유튜브 시청은 할 수 없게 합니다. 자신의 행동에 책임을 져야 한다는 기준에서 이 규칙은 엄격하게 지키도록 하고 있지요.

이런 기준들을 마련할 때는 합의의 과정이 필요합니다. 아직 어릴 때는 부모가 정하기도 하지만 아이가 커갈수록 타당

한 근거를 들어 설명해주면 좋습니다. 저의 경우, 게임과 뇌의 상관관계에 대한 연구 결과와 사진을 직접 보여주면서 횟수와 시간을 제안했습니다.

이렇게 각 영역에 대한 기준이 명확해지면, 아이들은 안정감을 느낍니다. 때때로 기준을 지키기 싫어하고, 부모가 세워둔 원칙을 넘어서려 하지만, 대부분은 그 예측 가능성 안에서 편안해집니다. 자신이 어떻게 행동해야 할지를 알고, 부모가 어떻게 반응할지를 예상할 수 있기 때문이죠.

우리 집의 규칙은 어떤가요? 각 영역이 잘 구분되어 있나요? 영역마다 구체적인 항목들이 정해져 있나요? 부모가 생각하는 규칙의 기준을 아이들 또한 동일하게 인식하고 있나요?

원칙이 모호할수록 실랑이가 많아집니다. 그 안에서 부모의 에너지는 바닥을 칩니다. 결국 아이를 몰아세우고 화를 내고 후회를 반복하게 되죠. 아이들 역시 마찬가지입니다. 부모의 즉흥적인 잔소리는 받아들이기 힘들어 합니다. 행동의 기준과 가르침의 메시지가 명확할 때 아이들은 훨씬 더 많이 수용할 수 있지요.

가정에서 기준이 되는 가치와 의미, 역할과 기대의 매뉴얼을 정해보세요. 그것은 부모의 마음과 아이와의 관계를 다 같이 지켜줍니다. 가족끼리 대화하는 방식, 공부와 숙제를 하는 방식, 돈을 쓰는 방식, 선물과 보상을 주고받는 방식, 물건을 정리하는 방식, 핸드폰이나 게임기를 사용하는 방식 등, 중요하다고 생각되는 상황들에 대해 우리 집은 어떤 원칙과 기준을 세웠나요? 그것을 어떻게 문장으로 정리해서 아이들에게 말해줄 것인가요?

원칙과 기준을 알려주는 **말 연습**

"우리는 ~을(를) 중요하게 생각해."

"이것은 반드시 지켜야 해. 허용해줄 수 없어."

"너를 가르치는 게 부모의 역할이란다."

"너는 ~하는 것을 배우는 중인 거야."

"집집마다 가르치는 기준이 다를 수 있어."

엄마의
말그릇

"어떤 방법이 좋을까?"
: 함께 대안을 찾는 말

"이거 완전 1학년 수준인데?"

큰 아이가 3학년 때 썼던 글짓기 과제를 읽고 제가 무심결에 한 말입니다. 말하자마자 '아차' 싶었습니다.

"미안. 아쉽다는 말을 잘못 표현했어!" 재빨리 사과했지만 아이는 민망한지 쭈뼛거립니다. 자기도 얼마나 잘 쓰고 싶었을까요. 글쓰기가 직업인 엄마에게 글짓기 숙제를 내밀어야 하는 아이의 마음은 어땠을까요.

이렇듯 우리는 부지불식간에 아이를 평가하고 판단합니다. 속상하고 안타까운 마음은 엄마만 알 뿐 아이는 모릅니다. 그저 자신을 좋아하지 않는다고 느낄 뿐이죠.

어른이 되면 압니다. 부모가 우리를 가르치기 위해 얼마나 수고로운 삶을 살아야 했는지를. 부모들은 아이가 태어나면 돈, 시간, 체력 등 자신의 중요한 것들을 내어주며 노력하죠. 심리적인 어려움은 더합니다. 아이를 어떻게 가르쳐야 하는지 아무도 알려주지 않습니다. 보고 배운 것이라곤 내 부모의 모습밖에는 없습니다. 다른 방법을 알지 못하니 순간순간 불안합니다.

그러나 아무리 애정과 희생이 커도, 그것을 표현하는 말이 잘못되면 관계는 멀어집니다. 더 나은 사람이 되게 하겠다는 마음으로 화를 내고, 비난하면… 아이들은 부모의 사랑을 의심할 수밖에 없습니다.

아쉽고, 안타깝고, 속상해서 무엇인가를 가르쳐주고 싶을 때는, 우리가 한 팀이라는 입장을 더 분명하게 보여줘야 합니다. '나는 누구보다 너의 성장을 지지하는 사람'이라는 것을 느끼게 해줘야 하죠. 그러기 위해서는 엄마의 말이 아이의 행동 하나하나를 지적하는 데 머물러서는 안 됩니다. 앞으로 어떻게 해야 하는지 분명한 대안까지 알려줘야 합니다. 대안에 집중하지 않을 때, 말은 비난으로 흘러가기 쉽습니다.

"기쁘다는 표현 하나만 반복해서 사용했네. 다양한 감정이 추가되면 좋겠다."

엄마의
말 그릇

"여기 비슷한 의미의 문장이 여러 번 사용되었네. 한 문장으로 정리해보자."

"책 내용에 대한 설명을 조금 줄이고 너의 의견을 추가한다면 어떨까. 어떤 걸 써볼래?"

제가 앞에서 "1학년 수준이네"라는 말 대신 "이렇게 써보면 좋겠다"는 대안에 집중했다면, 아이 역시 엄마의 평가가 아닌 자신의 과제에 더욱 집중할 수 있었겠죠. 1학년 수준으로 글쓰는 자신을 부끄러워하기보다 '다음에 글 쓸 때는 이렇게 해야겠다'는 자신감을 가질 수 있었을 테지요.

대안을 제시할 때는, 아이의 나이와 발달 수준을 고려해야 합니다. 엄마가 하나의 정답을 먼저 알려줄 수도 있고, 여러 보기를 주고 선택하게 할 수도 있고, 처음부터 아이의 생각을 물어보는 열린 질문을 할 수도 있습니다. 가능하면 아이에게 생각하고 답할 기회를 먼저 주는 게 좋습니다. 대안을 제시하기 전에 "네 생각을 먼저 듣고 싶어. 너는 어떻게 하고 싶어?"라고 일단 물어봐주세요.

지적보다 대안이 더 중요한 거야.
아이도 자신만의 방법을 가지고 있어.

물론 아이의 대답은 아직 부족할 것입니다. 그러나 아이가 나름의 방식과 계획을 꺼내어 펼쳐볼 수 있도록 도와주세요. 적어도 내 안에서 무엇인가를 꺼내려 할 때 부모의 눈치를 보지 않아도 되는 분위기를 만들어주세요.

그러기 위해서는 아이의 엉뚱한 시도조차 흥미롭게 듣는 과정이 필요합니다. "그런 방법이 있었네.", "재미있는 아이디어다"와 같은 말로 아이를 격려해주세요. 그런 후에 필요하다면 엄마의 생각 한두 가지를 더 보탤 수 있습니다. 아이와 문제해결을 위한 대안을 찾아나갈 때는 '맞다, 틀리다'의 함정에 빠지지 않도록 주의하세요.

"어떤 방법이 좋을까? 네 생각을 먼저 듣고 싶어."
"오! 새로운 아이디어네~ 그것도 재밌겠다."
"엄마가 가진 방법도 하나 알려줄까?"

아이가 대안을 찾고 난 후에는, 엄마가 무엇을 더 도와주면 좋을지 물어봐주세요. 아이 스스로 대안을 제시했지만 그러고 난 후 자기 할 일만 늘었다고 생각되면, 다음 번에는 제안을 물어봐도 '모르겠다'고 답할 수 있으니까요.

함께 대안을 찾는 **말 연습**

"아직 부족할 수 있어. 더 나은 방법을 찾아보려는 게 중요해."

"어떤 방법이 좋을까? 네 생각을 먼저 듣고 싶어."

"오! 새로운 아이디어네~ 그것도 재미있겠다."

"다음에는 ~하게 해보면 어떨까?"

"엄마가 뭘 도와주면 좋겠어?"

"이거 하나만 기억하자."
: 나누어 가르치는 말

어느 날, 퇴근하고 돌아오니 미술학원에 가 있어야 할 첫째 아이가 아직 집에 있었습니다. 왜 학원에 안 갔냐고 물으니 '아빠가 못 가게 했다'고 대답합니다.

아이가 유튜브 시청 시간을 지키지 않았던 것이 사건의 발단이었습니다. 종료 알람이 울렸는데도 계속 보고 있었던 거죠. 남편이 멈추라고 말했는데도 아이는 "이것만 더 보고요." 하면서 뭉그적거렸고, 보다 못한 남편이 "시간 다 됐다." 하면서 아이의 핸드폰을 가져가자 아이가 짜증을 내며 "아~ 뭐예요!! 아빠는 맨날 저래!" 하면서 쿵쿵거렸던 것입니다.

"너 이리와 봐! 네가 잘못해놓고 지금 행동이 뭐야! 이럴 거면 학원에 가지 마! 공부가 뭐가 중요해!"

사실 남편이 진짜 하고 싶었던 말은 그런 게 아니었을 테죠.

"이거 하나만 지키자. 알람이 울리면 스스로 핸드폰을 꺼야 한다."

"꼭 기억하자. 너는 지금, 적절한 핸드폰 사용법을 연습하는 중이야. 아빠, 엄마는 그 습관을 매우 중요하게 생각해."

아마 이런 말들을 하고 싶었겠죠. 하지만 하고 싶은 말이 정리가 되지 않으면 마음에도 없는 말이 나가기 쉽습니다. 그럴 때 떠올려야 할 문장은 이것입니다.
'한 번에 하나씩만 가르치자.'
아이가 배워야 할 것들 중 가장 핵심적인 지침 한 가지만 선택해서 알려주는 것입니다.

말 그릇이 커지는 셀프 토크

한 번에 하나씩만 가르치자.
한꺼번에 많이 말하면 아이가 배울 수 없어.

그날, 저는 남편에게도 하고 싶은 말이 많았지만 '한 번에 하나씩만 다루자'는 지침을 떠올렸습니다.

"여보, 이거 하나만 기억해줘요. 가르칠 때는 한 번에 한 가지만 알려줘요. 아이가 할 수 있는 만큼 가르치는 게 중요하다고 생각하니까."

아이를 가르치는 말을 사용할 때는 한 번에 하나의 주제, 구체적인 한 가지의 행동에 대해서만 언급하는 것이 좋습니다. 생각나는 대로, 한꺼번에 너무 많은 요구를 하게 되면 메시지의 본질이 흐려지고 부정적인 감정만 자극하게 되니까요.

아이가 문제를 제대로 읽지 않아 시험에서 같은 문제를 틀려오면 엄마는 안타깝습니다. 그래서 "너 문제 좀 제대로 읽어라!", "이럴 줄 알았어! 문제 대충 읽었지!"라고 말하게 됩니다. 그때 아이가 "네, 알겠어요"라고 한다면 대화는 깔끔하게 끝날 수 있겠죠.

그러나 아이도 자신의 부족한 점을 꼭 짚어 말하면 마음이 상합니다. 이미 여러 번 들어온 말이라면 답답하고 짜증스럽겠죠. 그러니 엄마의 말에 "아~ 알았어요. 그만 좀 해요"라는 식으로 귀찮다는 듯 반응하거나 성의 없게 넘어가려 할 수 있습니다. 그러면 이제 엄마는 그렇게 대꾸하는 아이의 태도가 눈에 거슬리게 되겠죠.

"너, 지금 엄마 말 들은 거야? 들었으면 제대로 대답해야 할 거 아냐?"

이때부터 엄마의 대화 주제는 바뀝니다. '수학 문제를 꼼꼼하게 읽어라'에서 '부모의 말에 제대로 대답해라'로 흘러가죠. 여기서 멈추지 못한다면 잠시 후에 "너 이렇게 엄마 무시할 거면 도와달라고 하지 마! 네가 다 알아서 해"라고 소리치게 될지 모릅니다. 감정은 눈덩이처럼 불어나고 가르침의 본질로부터는 더욱 멀어지겠죠.

아이의 부정적인 자극이 다양하고 클수록 '한 번에 하나씩만 쪼개어 가르치자'는 다짐의 말이 필요합니다. "이거 하나만 기억하자"라고 말을 시작해보세요. 문제 행동을 다 짚어내서 한꺼번에 가르치고 싶은 충동을 자제하는 것입니다.

"엄마 말 이해했니? 알아들었으면 대답하자." 정도는 말할 수 있지만 "대답했어, 안 했어!", "그게 대답한 거니?"처럼 말이 다른 주제로 옮겨가지 않도록 주의해야 합니다.

한 가지씩 가르치기와 동시에 해야 할 것이 있습니다. 아이가 엄마에게 배웠던 긍정적인 행동을 자발적으로 하는 순간을 잘 포착해서 격려하는 것입니다.

예를 들어, 종료 알람이 울렸을 때 아이 스스로 핸드폰을 껐다면, 타이밍을 놓치지 않고 인정의 말을 해주세요. 아이를 보면서 관찰한 것 말해주기, 고마움 전하기, 아이가 자기 행동에 대해 스스로 생각해볼 수 있게 질문하기, 기쁘고 뿌듯한 엄마의 감정 전달하기 등을 '인정의 말'로 사용할 수 있습니다.

"와! 알아서 핸드폰을 껐구나."

"고마워. 엄마와의 약속을 기억하고 있었구나."

"시간을 잘 지켰네. 스스로 조절해보니까 어때?"

"네가 스스로 해내니까 엄마가 뿌듯하다."

이때 아이에게 선물 등의 보상을 주는 것은 권하지 않습니다. 바람직한 행동과 선물이 연결되면 '내가 인내심을 발휘했지.', '엄마와의 약속을 지키려고 노력했어'와 같은 내적동기보다는 '선물을 받고 싶어서'라는 외적동기에 따라 행동하게 됩니다. '이거 잘 지키면'이라는 조건적인 보상보다 엄마의 진심 어린 감탄과 축하의 말이 아이의 마음속에 훨씬 더 오래 남습니다.

제가 지금 이 글을 쓰는 동안에도, 책상 맞은편에서는 아이가 숙제를 하고 있습니다. 노래를 부르면서, 중간중간 "아! 문제가 왜 이래~!" 하고 짜증을 내면서요. 그러더니 갑자기 빨대로 바람을 넣어서 음료수 거품을 만듭니다. 새빨간 음료가 곧 넘칠 것만 같습니다. 아이고, 게다가 허리를 구부린 채 의자 끝에 걸터 앉아 있네요. 놀랍게도 이 모든 장면이 엄마의 눈에는 한꺼번에 들어옵니다.

그러나 저는 이번에도 말을 줄이기로 다짐합니다. 아들의 이름을 부르고 눈을 마주친 채 "이것 하나만 지키자. 문제를 푸는 동안에는 다른 행동은 멈추는거야"라고 말했습니다.

"조용히 하자, 똑바로 앉아. 소리 내지 말자. 음료는 치워라. 다른 사람 방해하지 말자. 다른 데 신경 쓰지 말고 문제만 풀자."

이 모든 것 대신 '오늘은 이것만'이라고 말을 마칩니다. 그것이 오후의 평화를 지켜줄 거라고 믿으면서요.

나누어 가르치는 **말 연습**

"이거 하나만 지키자."

"엄마가 한 가지 부탁할게."

"우리 이번에는 이것만 신경 써서 해보자."

"조금씩, 천천히 배워가는 거야."

"네가 스스로 해내니까 엄마가 뿌듯해."

"화가 나서 참기가 어렵네."
: 화를 표현하는 말

"엄마, 유튜브 볼까, 영화 볼까?"

"네가 보고 싶은 걸 보면 되지~."

주말 오후, 정해진 미디어 시청 시간을 어떻게 쓸지 한참을 고민하던 아이가 유튜브를 시청하기로 합니다. 잠시 후 약속된 종료 알람이 울립니다. 아이는 보던 영상을 마저 보겠다고 고집하다가 어쩔 수 없이 얼굴을 찡그리며 핸드폰을 닫습니다.

"짜증나~ 괜히 유튜브 봤네. 영화볼 걸 그랬어~."

"아쉬웠구나. 다음에는 영화를 보면 되겠네."

"아니~~~ 나~~ 별로 보지도 못했는데~~ 이번주에는 학교에서도 힘들었거든~."

"응? 네가 원하는 걸 정확히 말해줄래?"

"엄마~ 나 영화보면 안 돼요? 원래 영화보고 싶었는데~."

오늘은 유난히 시간이 짧게 느껴졌는지 유튜브를 시청하고 나서도 영화를 보고 싶다고 말합니다. 그러나 미디어 시간을 지키는 것은 중요한 생활 습관 중 하나였기 때문에 허용해줄 수는 없었습니다.

"더 보고 싶겠지만 오늘은 안 돼."

"아까 제대로 보지도 못했단 말이에요~~~ 오늘은 꼭 영화 볼래요!"

"너는 지금 미디어 시청 시간을 조절하는 중이야. 엄마가 그걸 중요하게 생각하는 거 알잖아. 책을 읽거나 그림 그리기를 해보면 어때?"

"그건 이제 시시해요~ 영화 볼 거야~~ 영화 못 보면 오늘 아무것도 안 할 거야!"

여기까지 대화가 흘러가자 더는 안 되겠다 싶어서 자리에서 일어났습니다. 부엌으로 가서 물 한잔을 마셨습니다. 엄마가 받아주지 않자 아이는 계속 짜증을 냅니다. 해야 할 숙제는 시작도 하지 않으면서 심심하다고 장난감을 하나둘씩 바닥에 던지기 시작합니다. 방바닥에 붙어서 뒹굴거리며 영화를 보여 달라고 징징댑니다.

"그만하자. 엄마가 들어줄 수 없다고 말했는데, 같은 말을 반복하니 힘드네. 넌 아쉽겠지만 엄마한테는 그만 말해. 자꾸 들으니까 짜증이 전염돼서 참기 어려워!"

엄마의 묵직한 말에 아이는 나지막하게 "치…" 하면서 쿵쿵 대며 방으로 들어갑니다. 그 사이 저는, 아이의 뒷통수에 대고 못마땅한 말들을 덧붙이지 않도록 힘겹게 마음을 다잡습니다. 잠시 후 아이가 방에서 혼자 노는 듯한 소리가 들립니다.

> **말 그릇이 커지는 셀프 토크**
>
> 엄마가 지금 얼마나 힘들고 화나는지 말하자.
> 감정을 참거나 터트리는 것은 도움이 안 된다.

얼마 전 하임 G. 기너트의 《부모와 십대 사이》⁕를 다시 읽어보았습니다. 그중에서 '모욕을 주지 않지 않고 화내기'라는 대목이 유독 와 닿아서 몇 번이나 읽고 필사까지 했었죠.

"우리 자신의 분노를 극복하기 위해서는 분노가 자연스러운 현상이라는 사실을 받아들이고 인정할 필요가 있다. 가장 좋은 방법은 십대 아이들에게 지나친 참을성을 보이지 않는 것이다. 내심으로 화가 치밀어 오르는 것을 느끼면서도 겉으로 계속 기분 좋은 표정을 짓는 것은 위선이지 호의가 아니다.

✦ 《부모와 십대 사이》, 하임 G. 기너트 저, 양철북

엄마의
말 그릇

분노를 숨기려고 안간힘을 쓰는 대신 효과적으로 드러내는 방법이 있다."

정말 그렇습니다. 아무리 부모가 기준을 알려주고, 긴말 하지 않고 한 가지만 일러주고, 대안을 제시해도 아이는 받아들이지 못할 때가 많습니다. 이런 일이 반복되면 부모는 그런 상황이 되기만 해도 짜증이 나고 쉬이 분노가 올라오죠. 그럴 때는, 현재 부모가 분노를 경험하고 있다는 것을 알릴 필요가 있습니다. 물론 감정을 폭발시키지 않으면서요.

"정말 화가 나서 참기가 어렵다."
"같은 말을 반복하는데 듣기 힘들어."
"네 짜증이 전염돼서 지쳐. 엄마 옆에서 소리치지 말아라."

이때 다양한 화의 표현들을 미리 익혀두면 도움이 됩니다. 감정이 끓어오르는 순간에 마음을 표현할 문장을 가지고 있지 않으면 엉뚱한 말을 하기 마련입니다. 아이에게 모욕감을 주면서 소리치게 되지요.

특히 아이들이 십대에 들어서면 관계를 다루는 측면에서도 부모와 상호작용 하는 연습이 필요합니다. 갈수록 갈등의 수위가 높아지고, 대립하는 주제가 다양해질 때 부모가 마냥 참고 버티는 것은 해결책이 아닙니다.

아이와 함께 지금 이 순간, 엄마의 마음에서 일어나는 감정을 나눌 수 있어야 합니다. 그것을 통해 아이 역시 자기 행동의 파급력을 이해하고, 적절한 행동을 요구받음으로써 사회적으로 수용되는 행동을 배울 수 있습니다. 그것은 결국 더 넓은 세상 속 인간관계에서도 필요한 기술이기도 합니다.

화를 표현하는 말 연습

"기분이 정말 나빠."

"네가 이렇게 행동하니 엄마가 난처해."

"정말 화가 나서 참기가 어렵다!"

"그만해. 그 소리 정말 듣기 힘들어."

"너무 화가 나서 지금은 너와 대화할 수 없겠어."

엄마의
말그릇

안전한 말 :
경계선을 지키며 배려 있게

"넌 그 말이 어떻게 느껴졌니?"
: 경계를 세우는 말

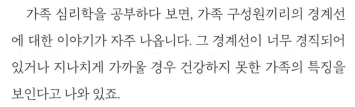

가족 심리학을 공부하다 보면, 가족 구성원끼리의 경계선에 대한 이야기가 자주 나옵니다. 그 경계선이 너무 경직되어 있거나 지나치게 가까울 경우 건강하지 못한 가족의 특징을 보인다고 나와 있죠.

'경계선'이란 개념을 처음 접했을 때, 저는 말 그대로 속이 시원했습니다. 가족이기 때문에 말하기 어려운, 함께 있으면 뭔지 모르게 갑갑한 그 기분을 '경계선' 하나로 이해하게 됐으니까요.

가족은 이 세상 누구보다 가깝지만, 그렇다고 나를 잃어버릴 정도로 밀착되어서는 안 됩니다. 자기만의 심리적 공간이 보장되어 있어야 하죠. 부모라고 자녀의 모든 것에 개입할 수 없고 자신의 뜻대로 휘두를 수 없습니다. 물론 그 반대도 마찬가지입니다.

그러나 제가 경험했던 가정은 그렇지 않았습니다. 언제나 서로의 일에 참견할 수 있었고, '가족이니까' 서로에게로 향하는 무시와 비난이 허용되었습니다. 누군가의 희생은 당연하게 취급되었고, 마음이 상하는 것쯤은 가족을 위해 대수롭지 않게 처리되었습니다. 누군가의 돈과 시간이 공공재처럼 사용되기도 했고요.

거리를 두기 위해 물러나면 '가족끼리는 그러면 안 되는 거다'라는 말을 들었습니다. 결국 죄책감을 느끼며 경계선 안으로 다시 돌아와야 했지요. 가족이란 본래 징글징글하고 숨 막히는 관계라고만 생각한 적도 있었습니다.

코칭에서 만나게 되는 사람들 역시, 이 경계선 때문에 힘들어하는 가족들이 꽤 많습니다. 경계선이 너무 먼 가족들은 외로워서 찾아옵니다. 남보다 못한 관계로 지내면서 서먹한 대화 때문에 고민합니다.

또 너무 가까워서 한 몸처럼 융합된 가족들은 서로에 대한 상처를 이야기합니다. 사랑하지만 미워하고, 고맙지만 벗어나고 싶고, 죄책감을 느끼지만 동시에 분노와 억울함이 있는 관계… 깊이 사랑하지만 만날수록 서로를 갉아먹는 나쁜 연애처

엄마의
말그릇

럼 벗어나고 싶지만 멀어지지 못하면서 힘들어합니다.

저 역시 아이들을 키우면서 적절한 거리감을 유지한다는
게 얼마나 어려운 일인지 실감합니다. 아이가 아플 때면 내 몸
의 반쪽이 떨어져 나가는 것 같고, 갑작스럽게 다치기라도 하
면 심장이 뚝 떨어지지요. 혹여 내 아이가 곤욕을 겪으면 피가
거꾸로 솟고, 좋은 기회를 놓치고 물러나야 할 때는 애간장이
탑니다.

그러나 부모와 자식 간은 언제나 '적절한 거리감을 유지하
는 친밀한 관계'가 되도록 노력해야 합니다. 그러기 위해서는
부모가 먼저 마음을 써야 하죠. 매일 조금씩 덜어내고, 맡기고,
멀어지고… 엄마 스스로 '자신이 누구로서 살아가는지' 헷갈리
지 않아야 합니다. 내 것과 네 것을 구분하고, 아이를 통제함으
로써 얻는 묘한 안정감과 우월감에서 벗어나기 위해 노력해야
합니다.

또한 아이라는, 세상에서 가장 가까운 타인을 위해 예의를
갖출 줄 알아야 합니다. 그것은 번거로운 격식이라기보다 관
계를 더 오래 유지하기 위한 속 깊은 배려에 가깝습니다. 엄마
의 말은 그렇게 명료한 공간에서 안전한 거리를 두며 배려 있
게 만들어져야 합니다.

아이의 영역 지켜주기

"엄마, 선생님이 나보고 기자 되면 좋겠대요~."

"그랬구나? 넌 그 말이 어떻게 느껴졌니?"

"나를 칭찬해주신 것 같아서 기분이 좋았어요~."

"좋겠다~ 엄마도 그렇게 들려서 기분이 좋아~."

⇕

"엄마, 선생님이 나보고 기자 되면 좋겠대요~."

"어머! 엄마는 기자 싫어~ 너무 힘들어서 안 돼~~."

....

"엄마~나 수학 문제 5개 틀렸어요~!"

"5개? 너한테는 그 점수가 어떤데?"

"뭐! 시험이 어려웠기 때문에 이 정도면 나쁘지 않아요~."

"문제가 어려웠구나~ 근데 엄마는 문제를 잘못 읽어서 틀린 게 진짜 아깝다."

"그게 좀 속상하긴 한데… 다음에는 꼼꼼하게 봐야 할 것 같아요."

"그래, 이런 거 틀리면 속상하지."

⇕

"엄마~ 나 수학 문제 5개 틀렸어요~!"

"야! 그렇게 많이 틀려오면 어떡해! 다른 애들은 어떻게 봤니?"

"다른 애들도 어려워서 많이 틀렸어요."

"(시험지를 보면서) 엄마가 문제 풀 때 덤벙대지 말라고 했지!"

"아~ 제대로 읽었단 말이에요!"

"제대로 읽었는데 이렇게 풀었어! 자꾸 핑계대지 마라~."

한창 실수하며 성장하는 아이들과 건강한 거리를 두는 방법 중 하나는, 지금 이 대화의 주인공이 누구인지를 분명히 아는 것입니다. 아이의 감정, 기대, 욕구보다 부모가 먼저 달려나가지 않기 위해 경계를 세우는 것이죠.

위의 대화 예시처럼, 아이가 선생님으로부터 기자가 되면 좋겠다는 말을 들었을 때 그것에 대한 엄마의 의견은 있을 수 있습니다. 하지만 엄마의 의견을 말하기 전, 이 대화의 주체가 아이라는 게 떠올랐다면 내 생각보다는 아이의 감정과 생각을 더 중요하게 들어줘야 합니다.

건강한 경계란 나의 감정과 생각은 '아이의 것이 아니라 나의 것'임을 아는 것입니다. 주체를 구분할 수 있어야 아이에게 주도권을 넘길 수 있습니다. 그때야 비로소 엄마의 말은 평가가 아닌 질문으로 바뀔 수 있지요. 너는 어떻게 느끼고 있는지, 그것을 어떻게 받아들였는지 먼저 확인할 수 있게 됩니다.

시험에 대한 대화에서도 마찬가지입니다. 시험 점수가 안타까워서 화도 나고, 방법도 찾아주고 싶겠지만 아이보다 앞서 나가는 모습을 보일 때 아이들은, '내가 더 열심히 해야겠다'는 결심보다 '엄마랑 공부 얘기를 하는 건 부담스럽다'란 생각을 하게 됩니다.

공부를 하고 시험을 치러내야 하는 사람이 누군인지를 안다면 선을 넘지 않을 수 있습니다. 아이가 어떻게 시험 결과를 받아들이고 있는지 먼저 확인해볼 수 있습니다.

만약 아이가 만족스러워한다면, 그 이유를 물어보면 됩니다. 다 듣고 나면 동의까지는 아니어도 '너는 그렇게 생각하고 있구나'라고 인정해줄 수 있습니다. 반대로 아이가 아쉬워하고 속상해한다면 격려하고 응원해줄 수 있지요.

> **말 그릇이 커지는 셀프 토크**
>
> 이 상황의 주체는 누구인가? 나인가, 아이인가?
> 아이의 생각을 먼저 확인해보자. 차례를 지키자.

친정엄마와 함께 저녁을 먹는 중이었습니다. 아이들이 밥 먹는 모습을 바라보던 엄마가 저를 향해 말합니다.

"네가 애들을 잘못 길들였어! 어릴 때부터 야채 같은 거 강제로라도 먹였어야지."

고기만 좋아하고 야채를 걸러내는 큰 아이, 먹는 양도 시원치 않고 그마저도 살로 가지 않는 둘째를 보면서 안타까워 꺼내신 말이겠지요. 그러나 아이들의 식습관을 어떻게 다룰 것인가는 저의 몫입니다.

저를 탓하는 대신 "아이들 식습관에 대해 너는 어떻게 생각하니?"라고 물어보셨다면 어땠을까요. 저 역시 아이들이 골고루 먹고 건강하기를 원합니다. 그러나 어릴 때부터 싫다는 음식을 강제로 먹이는 것은 제 방식이 아니었죠. 한동안 달래면서 먹게는 해봤지만 그것에 지나치게 힘을 빼지는 않았습니다. 혼을 내서라도 강제로 먹여야 한다는 것은 저의 방식이 아닌, 친정엄마의 방식인 것이죠.

현명한 사랑은 순서를 잘 지킵니다. 말을 하기 전에 주체가 누구인지 확인해서, 들려주고 싶은 조언과 노하우가 있어도 순서를 지켜서 건네줍니다.

만약 걱정스러운 마음에 경계선을 쉽게 넘어서는 부모라면 '나의 말이 항상 정답은 아니다'는 격언을 잊지 마세요. '아이의 마음부터 확인해 봐야겠다'는 태도를 갖추고 나면 자연스레 질문부터 나옵니다. 내 경험대로 말하기 전에 상대방의 상황과 입장을 묻는 것은 건강한 거리감의 지표입니다.

동시에 아이의 영역을 인정해주는 말을 하는 것도 도움이 됩니다. 예를 들어, 아이가 어떤 일을 해결해 달라고 했을 때 "엄마가 도와줄 수 있어. 근데 이건 너의 일이라는 것을 잊지 마"라고 주체가 누구인지 분명하게 알려줄 수 있습니다. 또 형의 물건을 달라고 조르는 아이에게도 "그건 형의 물건이야. 네가 부탁해봐"라고 말하면서 경계를 확인시켜줄 수 있습니다.

"이건 네 일이야. 어떻게 하고 싶니?"
"그래, 그 물건은 형 거야. 네가 부탁해봐."

주체를 구분하면, 아이는 자기 영역에 대한 인식이 생기고 이것은 책임감으로 이어집니다. "할 거나 하면서 그런 말 해라!"는 비아냥보다 훨씬 효과적이지요. 어릴 적부터 스스로 판단하고 행동하게 되면 자존감도 높아집니다.

또한 이것은 다른 사람을 존중하는 연습이기도 합니다. 부모와의 관계뿐 아니라 친구, 연인, 동료 사이에서 내가 어디까지 할 수 있고, 무엇을 해서는 안 되는지에 대한 경계 감각을 익히는 데 좋은 밑거름이 됩니다.

엄마의
말그릇

"넌 그 말이 어떻게 느껴졌니?"

"그래서 네 기분은 어땠어?"

"너는 이번 결과를 어떻게 받아들였어?"

"이것은 네 일이란다. 엄마가 옆에서 도와줄게."

"그래, 그것은 네 것이야. 어떻게 하고 싶어?"

"내 삶이 좋아. 네가 있어 더 행복하지."

: 나로 존재하는 말

"제가 늦은 나이에 아이를 낳으면서 일을 그만뒀어요. 어렵게 가진 아이를 잘 키우고 싶어서 유난을 떨었죠. 먹는 것도 제 손으로 다 만들었고요. 아이가 어린이집 적응을 어려워해서 집에 데리고 있었어요. 그 흔한 학습지 한 번 안 시키고 한글, 수학, 영어를 다 제가 공부시켰어요. 그런데 초등 고학년이 되니까 아이가 너무 달라지는 거예요. 말도 잘 안 듣고 저한테 반항하니까 마음이 너무 힘들어요. 특히 애가 시험을 못 보면 너무 화가 나요. 아직 어린애라는 건 아는데… 어떨 때는 참을 수 없이 폭발해버려요."

아이를 낳으면 세상의 축이 내게서 아이에게로 이동한 듯

엄마의
말 그릇

한 느낌을 받게 됩니다. 그간 나를 중심으로 짜여 있던 영역들이 재조정에 들어가죠. 시간을 사용하는 법, 돈을 벌고 쓰는 법, 먹고 마시는 법, 놀고 쉬는 법 등등 하나부터 열까지 싹 달라집니다.

그 모든 변화에는 의미가 있습니다. 내 시간이 사라져도 아이에 대한 사랑이 그것을 채워주고, 돈이 부담되고 빠듯해도 아이에게 쓰는 것은 보람되죠. 아이 식욕과 입맛을 최우선으로 신경 쓰게 되고, 내가 좋아하고 즐길 수 있는 장소가 아닌 아이들의 취향에 맞는 곳들로 주변이 채워집니다.

하지만 그 시간들이 언제나 완벽한 것은 아닙니다. 나라는 사람은 사라지고 엄마라는 역할만 남게 되면, 어느 순간 마음에 균열이 생깁니다.

'도대체 나는 누구지?', '엄마라는 역할을 빼면 나를 설명할 수 있는 것은 뭐지?'

곧이어 아이의 행복, 관계, 성적이 곧 나의 존재 이유가 되어버립니다.

이러한 상황은, 엄마에게도 독이 되지만 아이에게도 버겁기는 마찬가지입니다. 엄마의 희생과 돌봄을 누렸던 자식들도 크고 나면 자신에게만 집중하는 부모를 부담스러워합니다. 두 사람 몫의 삶을 감당해야 하니까요.

"엄마는 너 하나 보고 사는 거 알지?"

"너를 위해서 엄마는 하던 일도 그만뒀는데, 이렇게 나올 거야?"

"다른 사람은 뭐래도 너는 나한테 이러면 안 되는 거야!"

코칭에서 만났던 누군가의 아들딸들은 자신과 자녀의 삶을 혼동하는 부모들로 인해 힘들어하고 있었습니다. 고마움과 미안함, 숨막히는 답답함과 억울함을 털어놓았죠. 엄마로부터 멀어지는 선택을 할 때면 죄책감을 느끼고, 반대로 자신만의 세상을 꾸리지 못할 때는 분노에 잠식되었죠. 결국 부모와 자녀 그 누구도 행복하지 않았습니다.

엄마는 나로서 존재할 수 있어야 합니다. 사랑을 끊임없이 내어 주면서도 자신을 잃어버리지 않아야 합니다. 아이가 있어 내 삶은 훨씬 더 행복해졌지만 나는 나 자체로도 괜찮은 사람이라고, 그리 대단하지는 않아도 만족스러운 삶을 꾸려가고 있다고 스스로에게 말해줄 수 있어야 합니다.

말 그릇이 커지는 **셀프 토크**

아이를 돌보는 만큼 나 자신도 돌보자.
내 삶을 사랑하면 아이도 스스로를 더 사랑하게 될 거야.

연애할 때를 생각해보세요. 나에게 모든 것을 내어주는 사람은 처음에는 고맙고 감동적이지만 시간이 지날수록 매력이 떨어집니다. "너는 어떻게 항상 다 괜찮다고 하니?", "네 생각은 없는 거야?"라는 말이 나올 수밖에 없죠. 자신의 영혼이 오롯이 혼자일 수 없는 사람들은 더 이상 매력적이지 않습니다.

반대로 혼자 있어도 잘 지내지만 나와 있을 때 더 행복한 사람이라면 어떨까요. 처음에는 좀 서운할 수 있습니다. 그러나 관계가 깊어질수록 그것이 나에게 더 큰 자유를 준다는 것을 깨닫게 됩니다.

부모와 자녀 관계도 마찬가지입니다. 엄마가 자신의 삶을 살아갈 때 아이 역시 삶의 중심에 자신을 두는 법을 배웁니다. 삶을 살아갈 때, 안방만큼은 내어주지 않으면서도 작은방, 건너방에 있는 사람들을 배려하고, 때때로 거실에서 그들과 함께 만나 어울릴 줄 알게 됩니다.

"엄마라는 역할 말고도 개인의 삶이 있어. 그것을 잘 가꾸는 게 중요해."
"엄마도 힘들 때가 있지. 하지만 엄마 삶을 잘 만들어가고 싶어."
"내 삶이 좋아. 물론 네가 있어 훨씬 더 행복하지."

기회가 있을 때마다 아이들에게 이렇게 말해주세요. 엄마에게도 개인으로서의 삶이 있고, 그것에 큰 의미가 있다고. 나로 살아가는 것이 좋을 때도 있고 힘들 때도 있지만, 앞으로도 열심히 그 삶을 가꾸고 싶다고요. 그리고 그 삶 속에 네가 선물처럼 와줘서 더 기쁘고 행복해졌다고요.

가족들과 동네 맛집 대기줄에 앉아 있던 날이었습니다. 바로 옆에 계시던 고운 인상의 할머님 한 분이 저를 가만히 보시더니 말을 건넵니다.

"엄마가 이쁘네. 그 젊음도 참 이뻐. 젊을 때 많이 놀고 여행다니고 자신을 돌봐요. 아이들에게 너무 희생하지 말고. 나는 그러지 못해 너무 아쉽지."

"네, 그럴게요. 감사합니다."

할머니의 말씀이 그날따라 유독 마음에 남았습니다. 언젠가 허리를 펴고 남은 인생을 바라봤을 때 억울하지 않을 만큼은 나를 챙겨야겠다고 마음먹었죠. 혼자 희생하는 육아가 아니라 "나도 그때 참 좋았지." 하고 말할 수 있는 엄마가 되고 싶어졌습니다.

내가 나로서 존재하는 일에 시간과 열정과 돈을 쓰세요. 아이들에게 방해받지 않는 나만의 시간을 확보하고, 작지만 나를 돌보고 키우기 위한 지출 계획을 세워보세요. 누구의 엄마라는 이름표도 좋지만 당신의 이름 석 자를 더 자주 불러보기를 권합니다. 낯선 할머니의 말처럼 지금 한창 좋을 나이에 조금 더 살뜰하게 자신을 돌봤으면 좋겠습니다.

나로 존재하는 **말 연습**

"엄마에게도 개인의 삶이 있단다. 엄마 역할만큼 중요한 거야."
"내 삶이 좋아. 네가 있어 훨씬 더 행복해졌지."
"힘들 때도 있지만, 엄마가 하는 일을 좋아해."
"가족을 위해 요리하고 청소하지.
하지만 엄마도 보람을 느끼니까 나를 위한 것이기도 해."
"지금은 엄마를 위한 시간이니까 방해하지 말아줘."

"괜찮아. 미안해. 고마워."
: 매너를 지키는 말

결혼 전에 있었던 일입니다. 병원 볼일을 마치고 엘리베이터 앞에 서 있는데, 한 엄마와 예닐곱 살쯤 되어 보이는 아이가 제 곁에 섰습니다. 아이는 뭔가를 계속 요구하고 있었습니다. 엄마는 눈도 마주치지 않은 채 묵묵부답이었고요. 아이는 사람들 속에서 계속 칭얼거렸습니다.

"쓸데없는 소리 하지 마. 입 다물고 가만히 있어!"

어수선한 공기를 뚫고 날아 온 매서운 말 한마디에 아이는 단번에 위축됐습니다. 그때 아이의 표정에 드리워진 민망함과 두려움을 아직도 기억하고 있습니다.

'어리다고 무시당해도 좋은 건 아니잖아. 표현이 서툴러도 다 이유가 있을 텐데. 내가 엄마가 되면 저런 말은 하지 말아

야지.'

고백하자면, 저도 그 다짐을 지키지는 못했습니다. 대형마트 안, 게임 전시장 앞에서 시간을 끌던 아들에게 "말도 안 되는 소리 하지 마!" 하고 면박을 준 게 아직도 기억나니까요.

하지만 그래도 아이의 의견을 무시하거나 자르는 식의 말은 하지 않으려고 꽤나 노력해왔습니다. '넌 몰라도 돼'라고 무시하며 넘어가지는 않았습니다. 제가 어렸을 때, 그런 식의 소외를 경험해봤으니까요. 가족들이 싸우고 헤어지는 난리통 속에서도 다들 '어린애가 뭘 알아', '어른들 일에 끼어들지 마!'라는 말로 종종 밀쳐지곤 했으니까요. 그때마다 저는 머릿속에서 최악의 상황을 떠올리며 두려움에 떨어야 했습니다.

그때, 누군가가 나서서 '지금은 이런 상황이고, 이제는 이렇게 될 거다'라고 설명해줬더라면 어땠을까요. 아무도 나에게 관심이 없다는 슬픔 또한 덜 수 있었을 테지요. 아이라고 무시해도 좋을 상황은 없다는 것을 저는 그때 깨달았습니다.

부모 자녀 간에도 최소한의 안전거리가 필요합니다. 그런 의미에서 아이에게 말할 때 이 질문을 떠올려보면 도움이 됩니다.

"아이에게 방금 한 말을, 내 친구에게도 할 수 있을까?"

친한 친구였다면 하지 못했을 말들을 어리다는 이유로, 때론 편하다는 이유로 아이에게 배려 없이 표현할 때가 많습니다. 친구에게는 "도와줄까?" 할 법한 일에도 아이에게는 "조심하라고 몇 번이나 말했어!"라고 쏘아 붙이고 있지는 않은지 한번 되짚어보세요.

> ### 말 그릇이 커지는 **셀프 토크**
>
> 어리다는 게 무시당해도 좋다는 뜻은 아니다.
> 만약 아이가 아니라 친한 친구였다면 나는 어떻게 말했을까?

위와 같은 셀프 토크를 연습하다 보면 아이가 실수했을 때 "너 또 그랬어!"라는 말 대신 "괜찮아?"라고 말할 수 있게 됩니다. 사과를 해야 할 때 어물쩍 넘어가는 대신 "미안해"라고 말할 수 있게 되고요. 고마움을 느꼈을 때는 당연히 고맙다고 말하게 되고, 작은 일에도 축하의 말을 건넬 수 있게 됩니다.

물론 아이는 친구가 아닙니다. 아이들은 무언가를 끊임없이 요구해서 우리의 인내심을 갉아먹죠. 그 앞에서 평정심과 거리감을 지키기란 쉽지 않습니다. 하지만 그렇기 때문에 더욱더 경계선을 잊지 말아야 합니다. 그렇지 않으면 무시하고 경멸하는 말, 당연하게 취급하는 말들이 언제 어느 때라도 튀어나올 수 있으니까요.

"괜찮아? 엄마가 뭐 도와줄까?"

"미안해. 엄마가 말을 실수했어."

"고마워. 엄마 짐을 들어줘서 도움이 됐어."

"축하해. 네가 좋아하니까 엄마가 정말 기쁘다."

"너 때문이 아니야."
: 책임을 구분하는 말

놀이터는 엄마들의 인내심을 시험하는 시험장과 같습니다. 친구에게 모래를 뿌리는 아이, 순서를 지키며 그네를 타라고 해도 끝까지 그네 옆에 들러붙는 아이, 미끄럼틀을 거꾸로 올라가는 아이… 그런데 만약 이런 행동을 하는 아이가 내 아이라면 그때부터는 짜증과 화가 한층 더 강해집니다. 그래서 아이를 혼내다 보면, 집에서보다 더 과하게 혼내게 되는 자신을 발견하게 됩니다. 왜 그럴까요? 밖에서 위험하게 노는 행동이 걱정되기 때문일까요 아니면 다른 엄마들 앞에서 내 아이가 말썽꾸러기처럼 보였기 때문일까요?

이런 경우는 또 어떤가요. 친구 아이보다 내 아이가 시험을 못 봤다는 것을 알게 됐습니다. 기분이 안 좋아서 아이에게 한

바탕 쏟아 붓습니다. 이때, 기분이 그렇게나 안 좋아진 이유는 단순히 아이의 시험 점수가 낮게 나왔기 때문일까요 아니면 친구와의 경쟁에서 진 것 같기 때문일까요?

아이의 행동이 감정을 유발한 것은 맞지만, 거기서 더 나아가 그토록 기분이 나빠진 것은 엄마의 숨겨진 욕구 때문입니다. 아이의 책임이 아니라는 뜻입니다. 그러나 우리는 종종 이 둘의 관계를 혼동합니다. 불편감의 원인을 아이로 지목하며 부정적인 감정 보따리를 몽땅 넘겨 버립니다. 이렇듯 부모의 감정과 욕구를 대신 책임졌던 아이들은 어른이 돼서도 버릇처럼 남의 눈치를 봅니다. 자기 탓을 하는 게 가장 쉬운 길이 되어버리죠.

"엄마한테 혼이 많이 났었어요. 이유를 잘 모를 때도 많았죠. 그저 엄마 기분이 나쁘다는 이유로, 혹은 아빠랑 싸웠기 때문에 그 모든 감정을 지에게 풀었어요. 제가 지금처럼 눈치 보는 사람이 되는 데 영향을 미쳤다고 생각해요."
"저는 부모님께 참 잘하는 딸이었어요. 오라면 오고, 가라면 갔죠. 엄마가 슬퍼하거나 실망하면 제가 뭘 잘못했나, 뭐가 부족했나 생각했어요. 그러다 더 이상 이런 상황들을 견딜 수 없다는 걸 깨달았죠."

저의 아버지는 제가 의사가 되기를 바라셨습니다. 뭘 하든 유명한 사람이 되어서 텔레비전에도 나오고 비행기를 타고 다니며 일했으면 좋겠다고 하셨죠. 그것은 아버지의 진심이었습니다. 자식이 잘되기를 바라는 마음이었죠. 그런데 지금 와서 생각해보면 그 바람은 저보다는 사실 아버지 자신을 위한 것이 아니었나 싶습니다. 홀로 딸을 잘 키워냈다는 것을 증명받고 싶으셨던 것이죠.

아버지는 자신이 바라는 속도와 방향대로 제가 따라와주지 않으면 화를 내며 힘들어 하셨습니다. 딸이 가는 길에 호기심을 갖기보다 이뤄내지 못한 것에 대한 체념과 실망을 비추곤 하셨죠. 이렇게 부모가 자신의 좌절된 욕구로부터 발생된 부정적인 감정을 감당하지 못하면, 자녀들은 자신의 잘못이 아닌 일에도 죄책감을 느끼게 됩니다.

말 그릇이 큰 부모는 내면에 어떤 감정이 일어날 때 외부 자극을 탓하기 전에 자신의 욕구와 연결 짓기 위한 내적 대화를 시작합니다. '이 감정은 무엇을 말해주나? 내가 어떤 욕구를 가지고 있다는 의미일까?'를 스스로에게 묻고, '아이에게 내 감정과 욕구를 떠넘기지 말자'고 셀프 토크를 할 줄 압니다. 내면의 진실과 마주해야 진짜 원하는 것을 얻게 될 가능성이 높아진다는 걸 그들은 알고 있습니다.

이 감정은 내가 무엇을 원하고 있다는 의미일까?
아이에게 내 감정과 욕구를 떠넘기지 말자.

아이가 하지 말라는 행동을 하고, 자신의 바람과는 다른 선택을 하면 부모의 마음은 가라앉습니다. 그럴 때마다 그것이 누구의 좌절인지를 떠올려보세요. 아이는 부모를 기쁘게 하려고 태어난 존재가 아닙니다. 부모는 부모 자신의 욕구를 돌보고, 그 곁에서 아이 역시 자신의 욕구를 탐색할 수 있을 때 이 관계는 진정으로 건강한 거리감을 유지하게 됩니다.

"엄마 나 때문에 화났어요?"
"아니야, 엄마 일 때문에 속상해서 그런 거야. 네 책임이 아니야."

아이들은 엄마의 감정을 예민하게 느낍니다. 엄마가 화난 게 나 때문은 아닌지, 그래서 나를 미워하는 게 아닌지 궁금해하고 걱정합니다. 그럴 때 그 감정이 누구의 것인지 분명하게 알려주세요. 엄마가 지쳐서 쉬고 싶어서 그런 거라고, 잘해내고 싶은데 잘 안 돼서 속상한 거라고, 널 돕고 싶은데 방법을 몰라서 걱정하고 있는 거라고 상황에 맞게 설명해주세요.

"너 때문이 아니야. 엄마가 쉬고 싶어서 그런 거야."

"네 책임이 아니야. 아빠가 다른 일에 신경 쓰느라 예민해진 거야."

"네 잘못이 아니란다. 이것은 아빠가 해결해야 하는 일이거든."

이런 말을 들으며 자란 아이는 부모 때문에 혹은 친구가 마음에 걸려서, 어쩌다 얽힌 인간관계 때문에 자신에게 중요한 욕구들을 포기하지 않습니다. 또한 부모가 자신의 감정을 책임지는 모습을 보면서 남에게 자신의 감정을 전가하지 않는 방법 역시 배우게 됩니다.

책임을 구분하는 말 연습

"네 잘못이 아니야."

"네 탓이 아니야."

"엄마 일이 잘 안 돼서 속상해서 그런 거야. 해결하려고 노력하고 있어."

"자신의 감정과 바람을 다른 사람에게 떠넘기지 않아야 해."

"친구가 기분 나빠 한다고 모두 네 책임은 아니야."

나는 사람들에게 진리를
찾아다닐 필요가 없다고 말합니다.
단지 우리가 이미 갖고 있는 것 속으로
좀 더 깊이 들어가는 법을
알기만 하면 되기 때문입니다.

– 에크하르트 톨레

4부

엄마의 말 그릇

아이와 함께 걸어가는
소통의 길

엄마라는 이름이
내게 준 것들

"결혼은 안 하고 싶어. 하게 되더라도 아이는 낳지 않을 거야. 나는 좋은 엄마 될 자신이 없거든."

종종 이렇게 말했습니다. 결혼하더라도 아이는 절대로 낳지 않겠다고요. 모성母性이라는 것도 보고 배운 게 있어야 발휘될 수 있는 것이라 믿었고, 저는 그걸 갖지 못했다고 생각했으니까요.

지금도 가끔 생각합니다. 만약 엄마라는 이름으로 살지 않았다면 어떤 삶을 살았을까… 아마 지금보다 단순한 삶이었겠지만 거기에도 행복은 있었을 것입니다. 하지만 중요한 것은 우리는 엄마가 되기를 선택했고, 그런 운명을 받아들였다는 사실이겠죠.

예전의 저는 개인주의자라고 불릴 만한 사람이었습니다. 이기주의자까지는 아니었지만, 그 어떤 것보다 '나와 나의 성장'이 중요한 사람이었죠. 오로지 제 한 몸 보살피는 데 몰두하느라 다른 것에는 애정을 주지 않는 편이었습니다. 주는 기쁨, 나누는 행복, 인내하고 희생함으로써 얻게 되는 충만함과는 거리가 먼 삶이었죠. 적당히 욕 안 먹을 정도로, 마음을 터놓고 지내는 몇몇 사람들이 서운해하지 않을 정도로만 관심을 나누며 지냈습니다.

그러나 생명을 키우는 일은 '나'를 걷어내고 '우리'가 되는 과정이었습니다. 그야말로 나의 시간과 체력과 영혼을 내어줘야 하는 일이었죠. 그것이 억울함으로 다가오지 않는다는 게, 나를 중심으로 생활하지 않아도 오히려 존재감이 더 확장된 느낌이 든다는 게 무척이나 놀라웠습니다.

지금도 희생적인 사람이라 할 수는 없지만, 이제는 예전보다 삶에서 저를 덜 드러냅니다. '나'를 잃어버려서가 아니라 그보다는 '우리'를 생각하고 확장해 나가는 데 더 마음이 쏠리기 때문입니다. 개인주의자로서의 삶이 간결하면서도 불안했다면, 우리로서의 삶은 복잡하면서도 편안했습니다.

사람을 보는 눈도 달라졌습니다. 예전에는 저와 생각이 다른 사람들을 설득하려 했습니다. 그것이 안 되면 거리를 두는 것이 편했고요. 그러나 이제는 '정답'이 딱히 없다는 생각이 듭니다. 엄마로서 살아가는 동안, 내가 가진 것만이 답이 아니라는 걸 배웠기 때문이죠.

아이들을 키우는 동안, 궁극적으로 더 나은 사람이 되어가고 있습니다. 사랑하는 아이들 앞에서 괜찮은 사람이 되고 싶어서 매일 노력하게 되니까요. 무엇보다도 아이들을 키우면서, 저의 어릴 적 상처를 돌보게 되었습니다.

"넌 있는 그대로 소중해. 네가 있어 엄마가 얼마나 기쁜지 몰라."
"네가 그런 실수를 했다고 해서 나쁜 아이가 되는 것은 아니야."
"공부를 잘하든 못하든 엄마 딸(아들)이지!"
"엄마는 끝까지 너를 믿어주는 사람이야. 그게 엄마가 하는 일이야."
"넌 어떻게 하고 싶니? 엄마는 네 생각이 항상 궁금해."

아이들에게 이런 말을 하고 나면 눈물이 납니다. 방금 한 말들이 제가 어릴 적 듣고 싶었던 말이라는 걸 깨달았기 때문이죠. 아이들에게 사랑의 말을 할수록, 제 안의 어린아이도 그 말을 듣고 위로받는다는 사실을 알게 됐습니다.
그러니 말에 공을 들이고, 돌보고, 돌아보는 것은 제 마음을 치유하는 방식이기도 합니다. 제가 그토록 듣고 싶었던 말을 아이들에게 들려주고, 그들에게서 따뜻한 웃음을 받을 때마다 저의 마음속은 온기로 가득 채워집니다.

이제 저는 제법 우리를 먼저 생각하줄 아는 사람이 되었습니다. 사람을 함부로 평가하지 않게 되었고, 마음 다스리는 일의 중요성을 알게 되었죠. 그래서 13년 전의 저보다 지금의 제가 훨씬 더 괜찮은 사람이라고 느껴집니다.

당신은 어떤가요? 당신은 엄마라는 이름으로 무엇을 얻게 되었나요?
무엇을 배우고, 무엇을 깨닫고, 무엇이 달라졌나요?

류시화 시인의 산문집 《내가 생각한 인생이 아니야》✦에는 이런 구절이 있습니다.
"삶을 꽃피우는 방법에는 두 가지가 있다. 하나는 스스로 꽃을 피우는 일이고, 또 하나는 다른 사람의 삶이 꽃피어나도록 돕는 일이다. 당신도 나도 누군가를 꽃피어나게 할 수 있다."

아이를 키운다는 것은, 결국 이 꽃을 피어나게 하는 과정이 아닐까 생각합니다.
엄마의 이름으로 무엇을 얻게 되었는지 적어보세요. 아이

✦ 《내가 생각한 인생이 아니야》, 류시화 저, 수오서재

를 통해서 무엇을 배웠고, 엄마로 사는 동안 무엇이 달라졌는지 질문해보세요. 그러고 난 후, 이토록 무한한 사랑과 책임감과 부담감을 열심히 짊어지고 여기까지 걸어온 자신에게 '잘했다'고 토닥여주세요.

울며 넘어지면서도 다시 또 일어나 잘해보려 애쓴 저와 당신에게 다정한 격려를 보내고 싶습니다.

아주 작은
변화일지라도

큰 아이가 여덟 살 때 있었던 일입니다. 그 당시 저는 매일 밤 잠들기 전, 아이들에게 책을 읽어주곤 했습니다. 책을 읽고 열 시 전에 잘 준비를 마치는 게 일종의 수면 의식이었죠.

그런데 그날은, 열 시가 넘었는데도 아이들이 좀처럼 잘 준비를 하지 않았습니다. 저는 "벌써 열 시야. 아쉽지만 오늘 책은 못 읽겠네. 내일은 시간을 잘 지키자"라고 말하며 침대에 먼저 누웠습니다. 그러자 큰 아이가 떼를 쓰기 시작합니다.

"싫어~ 읽을래~ 읽어줘~ 빨리~~~."

"아쉽지만 안 돼. 불 꺼줘. 내일은 열 시 전에 준비해보자."

그 말에 아들이 발딱 일어나더니 형광등 스위치 쪽으로 달려갑니다. 그러고는 똑. 딱. 똑. 딱. 등불을 어지럽게 껐다 켰다

하며 이렇게 말합니다.

"자, 됐지?"

그 순간, 제 속에서 이성의 끈이 툭 하고 끊어졌습니다. 좀 전에 "그러게 엄마가 뭐랬어, 빨리 잘 준비하라고 했지!"라는 말이 나오려는 것도 애써 참았는데, 아들의 돌발행동에 마지막 남은 인내심이 바닥을 드러냅니다.

"너 지금 뭐 하는 거야! 당장 이리 와서 서!!"

그 순간 제 머릿속을 가득 채운 문장은 '지금 무시당하고 있다', 이것이었습니다.

저는 남들의 시선에 예민한 편입니다. 타인의 표정, 스쳐 가는 눈빛 하나에도 안테나가 세워지고 의미를 부여하게 되지요. '어! 지금 나 무시하는 거야?'라는 생각이 들면 수치심이 일었고, 그것을 숨기기 위해 자기도 모르게 날이 섰습니다.

그날, 저의 공격성은 아이를 향해 뻗어 있었습니다. 엄마와 함께 책을 못 읽어서 심통이 난, 고작 1학년인 아이에게로 말입니다.

'책 소동'이 있던 날 밤, 저는 홀로 깨어 있었습니다. 그동안 많이 깊어지고 성장했다고 생각했는데 이렇게 또 무너지다니… 우울하고 허탈한 마음이 들었죠. 하지만 '변한 게 없다'는 자책을 곱씹는 대신, 다이어리를 펼쳤습니다. 그날의 교훈을 적어두기 위해서였죠.

'나는 종종 무시당한다는 생각에 빠진다. 그것이 사실이 아닐 수 있음을 기억하자.'

이번에는 실패했지만 다음번에는 그 생각과 감정에 휘말리지 않도록 그날의 교훈을 몇 번이나 되새겼습니다.

부모 정신화mentalizing 이론에서는, '상어음악shark music'이라고 불리는 개념이 등장합니다. 영화 '죠스'의 OST를 알고 있나요? 상어가 등장하기 전 항상 '빠밤—, 빠밤—.' 하는 긴장감 높은 음악이 흐르죠. 부모의 내적 민감성이 자극되는 그 순간을 바로 이 효과음에 빗대어 '상어음악'이라고 부릅니다. 분위기가 조성되고 곧 어떤 일이 벌어질 것만 같은 급박한 상황을 나타내는 말이죠.

저에게는 '무시당하고 있다'는 자동적 생각이 바로 이 상어음악에 해당합니다. 물론 상어음악이 등장하는 순간은 사람마다 다릅니다.

"애가 울면 정신을 차릴 수가 없어요. 그 소리가 저를 미치게 해요. 지난번에는 서럽게 우는 아이를 두고 방문을 닫아버렸어요. 근데 그러고 나면 죄책감을 느껴요. 저 어린애한테 지금 무슨 짓을 한 건가 싶어서요. 아이가 얼마나 상처받았을까요."

"아이들이 집 안을 엉망으로 만들면 견딜 수가 없어요. 제가 정리해둔 대로 되어 있지 않으면 화가 나요. 한번은 아이가 유아용 책상에 낙서를 했는데… 그럴 수 있잖아요, 아직 뭘 모를 때니까. 그런데 제가 낙서를 한 아이한테 괴물처럼 소리를 질렀어요."

"가족들이 제 노력을 당연하게 여기는 것 같을 때 한 번씩 폭발해요. 혼자 희생하는 것 같거든요. 제 격렬한 반응에 가족들은 당황스러워 하는데… 아마 제 속에 인정받고 확인받고 싶은 마음이 있나봐요."

어쩌면 우리 마음에 평생 상어가 등장할지도 모릅니다. 그러나 이전과 달리 우리는, 상어음악의 시작을 알아차리는 노력을 할 수 있습니다. 영영 사라지게 할 수는 없더라도 미리 알아보고 피하는 것은 가능합니다.

언제, 어떤 상황에서 나의 민감한 주제들이 건드려지는지 알아보세요. 별안간 등장해서 나와 아이를 다치게 하지 않도록 알아차림의 실력을 키우세요. 어떤 날은 아무것도 나아진 게 없는 것 같겠지만, 매일 조금씩 변하고 있다는 사실을 잊지 마세요. 여전히 엄마로서 해볼 수 있는 노력과 기회는 아직 많이 남아 있습니다. 오늘, 지금 당장 깨어 있는 연습부터 다시 시작할 수 있습니다.

하루 세 번
마음챙김

"내면을 깨우려면 어떻게 해야 할까요?"

지금껏 제가 찾은 가장 효과적인 방법은 '마음챙김'입니다. 이를 닦듯, 하루 세 번 일상에서 마음챙김을 연습해보세요.

《바쁜 엄마를 위한 하루 5분 마음챙김》[*]의 저자, 숀다 모럴리스는 마음챙김을 해야 하는 이유를 스노우볼에 비유합니다. 나이를 먹고 해야 할 일과 책임, 스트레스 등이 늘어나면 생각과 마음은 자주 흔들릴 수밖에 없습니다. 그렇게 스노우볼 바닥에 가라앉아 있던 눈가루가 흔들리듯이 생각과 마음이 흔들

[*] 《바쁜 엄마를 위한 하루 5분 마음챙김》, 숀다 모럴리스 저, 센시오

엄마의
말그릇

리면 앞을 선명하게 볼 수 없죠.

저자는 그럴 때면 그냥 잠시 멈춰 서서 스노우볼 안의 눈가루가 가라앉기를 기다리는 수밖에 없다고 말합니다. 그렇게 숨을 몇 번 들이쉬면서 자신의 마음이 맑아지기를 기다려야 한다고요. 스노우볼의 눈가루처럼 스트레스 요인들은 여전히 그곳에 있지만 그렇게 하고 나면 좀 더 선명하고 차분하게 상황을 볼 수 있다고 이야기합니다.

마음챙김은 깨어 있는 삶을 위한 좋은 습관입니다. 현재의 감정이나 생각을 왜곡하지 않고 있는 그대로 바라보게 도와주죠. 생각에 끌려가지 않고 한 발짝 물러설 수 있도록, 감정에 휘둘리지 않고 감정 자체를 마주할 수 있도록 도와줍니다.

마음챙김은 '의도를 가지고' '비판단적으로' '현재에 주의를 기울이는 것'을 뜻합니다. 지금 일어나고 있는 경험에 대해 '좋다, 싫다' 혹은 '옳다, 그르다'로 판단하지 않고 그저 있는 그대로 바라보는 것이죠.

특히 마음챙김 연습은 감정이 올라오는 그 순간을 알아차리는 데 유용합니다. 습관적인 반응 패턴대로 행동하지 않고 유연하게 행동할 수 있도록 도와줍니다. 감정과 생각의 동일시로부터 벗어날 수 있는 기회를 얻는 거죠.

전작 《말의 시나리오》에서 소개한 바 있지만 마음챙김 중에서 '호흡과 신체 감각 알아차리기' 연습은 매우 중요합니다. 호흡과 신체 감각에 집중하면 가장 쉽고 유용하게 현재의 실재감을 되찾을 수 있습니다. 신체적 이완에 도움될 뿐 아니라 내면적 경험을 세세하게 관찰하는 데도 유용합니다.

다음에 나와 있는 방법들은, 일상에서 짧게 할 수 있는 마음챙김 연습들입니다. 어떤 활동이든 원리는 같습니다. 지금 나의 경험에 온전히 주의를 기울이면서 순간을 알아차리고 수용하는 것, 바쁜 일상 중에서 잠시 느리고 세밀한 내면을 경험해보는 것입니다.

아침 마음챙김

아침에 눈을 떴을 때 가장 먼저 하는 행동은 무엇인가요? 더듬더듬 핸드폰을 찾거나, 무거운 몸을 겨우 일으킨 채 멍하니 침대에 앉아 있나요. 그렇다면 이제부터는 자리에서 일어나기 전 잠깐 시간을 내서 마음챙김 연습을 해보세요.

… 잠이 덜 깬 상태로 눈을 감고 호흡을 시작합니다. '들이쉬고, 내쉬고'라고 속으로 말하면서 오고 가는 나의 숨결에 집중합니다. 코끝의 바람과 배와 흉곽의 움직임 등에 그대로 집중

하면서 호흡이 편안해질 때까지 잠시 그 순간에 머물러보세요.

… 자연스럽게 호흡을 이어가면서 스스로에게 아침 인사를 건네봅니다. '좋은 아침이야.', '오늘도 잘 지내보자.', '감사해. 새로운 하루를 선물받았네' 등 자신만의 문장으로 인사를 해보세요.

… 누운 채로 몸의 감각을 느껴봅니다. 발끝부터 발목, 종아리, 무릎, 허벅지, 엉덩이, 허리, 등, 팔, 어깨, 목, 머리까지… 신체에서 일어나는 다양한 경험들을 있는 그대로 관찰해보세요. '머리가 묵직하네'라고 인식했다면 '어제 너무 늦게 자서 그런가, 어제 뭘 했지?' 하는 식으로 생각이 움직일 수 있습니다. 매우 자연스러운 일입니다. 그런 생각이 일어난다는 것 자체를 알아차리면서 지금 이곳에서 일어나고 있는 몸의 감각으로 되돌아오면 됩니다.

… '들이쉬고, 내쉬고' 호흡에 다시 주의를 기울입니다. 이제 천천히 눈을 뜹니다. 방의 풍경을 낯설게 본다는 기분으로 주변을 둘러보면서 자리에서 일어나 하루를 시작하세요.

섭식 마음챙김

요즘엔 음식을 먹을 때 고스란히 먹는 행위에 집중하기 어렵습니다. 혼자 있을 때도 핸드폰에 시선이 가 있지요. 하루

한 번, 음식이나 차 한잔을 마실 때 섭식 마음챙김을 연습해보세요.

··· 숟가락을 들기 전에 먼저 눈으로 음식을 관찰합니다. 색을 있는 그대로 바라보면서 '빨강', '초록', '노랑'과 같은 색의 이름을 마음속으로 말해봅니다. (시각)

··· 이번에는 냄새를 맡아봅니다. 음식 가까이 다가가 숨을 조금 더 깊게 들이쉽니다. 음식 본연의 냄새에 주의를 기울이고 그 순간을 음미해봅니다. (후각)

··· 이제 음식을 떠서 입으로 가져갑니다. 최대한 천천히 씹으려고 해보세요. 입안에서 어떤 질감이 느껴지는지, 그것이 어떤 느낌인지 집중해보세요. 음식물을 넘길 때 어떤 감각이 일어나는지도 있는 그대로 경험해보세요. (미각)

··· 맛에 대한 평가가 일어나거나 '지금쯤 이메일이 왔을까?'처럼 다른 생각이 이어질 수도 있습니다. 그러한 생각이 일어나고 있다는 걸 알아차리면서 지금 이 순간의 감각의 경험으로 돌아오면 됩니다.

목욕 마음챙김

마음챙김 연습에서 몸의 감각을 알아차리는 것은 늘 도움

엄마의
말 그릇

이 됩니다. 샤워를 할 때도 감각에 집중해보세요. 몸을 닦는 행위 그 과정을 소중하게 생각하면서 지금 이대로의 나를 수용하는 경험을 해봅니다.

… 있는 그대로의 내 몸을 관찰합니다. 거친 다리, 볼록 나온 배 등 자신의 몸 그 자체를 온전히 봅니다. 몸에 대한 평가나 비난이 일어난다면, 그 또한 지금 이 순간에 일어나고 있는 생각일 뿐입니다. 자연스럽게 흘러가도록 내버려두세요.

… 몸에서 일어나는 통증들이 있다면 그 또한 느껴봅니다. 그 통증들이 무엇을 말하려고 하는지 귀 기울여 보세요. 몸에게 '고맙다'고 말해주는 것도 좋습니다.

… 몸에 느껴지는 촉각에 주의를 둡니다. 물줄기를 맞는 동안 무엇이 느껴지나요? 머리부터 다리까지 목욕 중에 어떤 감각의 변화들이 일어나는지 주의를 기울이며 알아차려 보세요.

… 아이들과 함께 목욕할 때도 마음챙김을 할 수 있습니다. 아이들의 몸을 다정한 눈길로 관찰해보세요. 이 작은 몸들이 어떻게 매일 자라고 있는지 발견하면서 그것이 내게 어떤 감정으로 다가오는지 알아차려 봅니다.

… 가만히 아이들의 곁에 앉아서 머리끝부터 발끝까지 온 주의를 기울이며 알아차리는 연습을 해봐도 좋습니다. 매 순간 달라지는 아이의 표정, 욕실 안에 울리는 목소리, 입의 모양, 손의 움직임까지 지금 이 순간에 느껴지는 모든 것을 경험

해봅니다.

대화 마음챙김

대화 마음챙김이란 상대의 말뿐 아니라 그동안 놓치고 있었던 다른 정보들에 주의하면서 관찰하는 것을 뜻합니다.

… 상대가 말할 때 느껴지는 비언어적인 커뮤니케이션에 집중해봅니다. 어떤 표정을 짓는지, 입 모양은 어떤지, 어떻게 몸을 움직이며 말하는지 있는 그대로를 봅니다. 순간순간의 경험에 마음을 열어둡니다

… 귀에 들리는 상대의 말에 집중해보세요. 목소리 톤을 느껴보세요. 반복적으로 어떤 단어를 사용하는지 발견해보세요. 그것이 당신에게는 어떤 느낌으로 다가오는지 있는 그대로 관찰해봅니다. 다시 생각들이 흩어진다면 그 또한 인식하면서 흘러가게 두면 됩니다.

… 상대의 이야기를 들을 때 내 몸에 어떤 변화가 일어나는지 관찰해봅니다. 어깨가 굳어지는지, 얼굴이 달아오르는지, 손에 땀이 나는지 알아차려 봅니다. 그 감각들이 내게 무엇을 말하려고 하는지도 가만히 생각해봅니다.

… 지금 이 순간에도 나는 다양한 감정과 생각을 경험하고

엄마의
말그릇

있습니다. 그 어떤 것도 잘못된 것은 없습니다. 찾아오는 감정과 생각들을 있는 그대로 받아들입니다. 스크린 위의 사진이나 영상을 바라보듯이 자연스럽게 인식하면서 순간에 머물러 봅니다.

걷기 마음챙김

걷기 명상은 집 안에서도 가능하지만, 동네를 산책하거나 걸어서 이동할 때 특히 하기 좋습니다. 걷기 마음챙김을 하면 몸의 감각을 다양하게 경험할 수 있고, 주변 환경이 계속 달라지기 때문에 보다 동적인 알아차림 연습을 할 수 있어 매력적입니다.

··· 걷기를 시작하기 전, 시선을 앞에다 둔 채 땅을 딛은 두 발의 감각을 먼저 느껴봅니다. '내가 지금 여기 있다'고 되뇌면서 지금 이 순간 자신의 존재감을 느껴보세요.

··· 걸을 때 몸의 감각에 집중합니다. 몸의 무게감은 어떠한지, 어떤 발을 먼저 내딛는지, 발의 어느 부분에 자극이 느껴지는지, 보폭은 얼마나 되고 어떤 속도로 걷는지 관찰해봅니다. 괜찮다면 천천히 느리게 걸어보기를 권합니다.

··· 나를 둘러싼 시각적인 경험도 느껴봅니다. 그동안 급히 지나치느라 보지 못했던 새로운 것들을 발견해보세요. 먼 곳을

관찰하거나 반대로 가까운 것에 주의를 둘 수도 있습니다. 미묘한 색의 차이나 미세한 흔들림까지 있는 그대로 느껴봅니다.

… 나타났다 사라지는 청각적인 경험에도 주의를 기울여보세요. 억지로 들으려고 애쓰지 않아도 됩니다. 가까운 곳에서 들리는 소리부터 먼 곳에서 들리는 소리까지, 자연스럽게 소리에 집중해봅니다. 소리를 처음 듣는 사람처럼 마음을 열어 세밀한 자극에 주의를 기울여보세요.

… 걷는 동안 일어나는 감정과 생각이 있다면, 억지로 떨쳐내는 대신 그 자체를 인식하면서 이름을 붙여봅니다. 생각에 깊이 빠져든다 싶을 때는, 호흡을 들이쉬고 내쉬면서 다시 지금 이 순간으로 돌아오면 됩니다.

수면 마음챙김

잠깐의 마음챙김을 하면서 하루를 마무리해보세요. 수고한 나 자신과 다정한 대화를 나눌 수 있습니다.

… 앉아서 해도 좋고 누워서 진행해도 좋습니다. 이번에도 호흡으로 마음챙김을 시작합니다. '들이쉬고 내쉬고', 숨이 안정되었다고 느껴질 때까지 호흡에 주의를 기울이면서 하루를 마무리할 준비를 합니다.

엄마의
말그릇

··· 자연스럽게 숨을 이어가면서 나 자신에게 인사를 해보세요. '오늘 하루도 수고했어.', '열심히 사느라 애썼어, 고마워.', '감사해. 오늘 하루도 무사히 집으로 돌아왔어'라고 말해봅니다. 특별히 내게 고마웠던 순간들을 떠올리는 것도 좋습니다.

··· 하루 동안 나와 함께 한 몸의 감각을 알아차려 보세요. 통증이 느껴지면 피하지 않고 그대로 알아차립니다. 일부러 몸을 이완하려고 하거나 자극을 없애려 하지 않아도 됩니다. 내 몸에서 일어나는 것을 나를 받아들이듯이 고스란히 받아들여 보세요.

··· 마음이 허락한다면 오늘 있었던 의미 있는 사건 하나를 떠올려봅니다. 그것에 대해 어떤 감정이나 생각이 일어나는지 느껴보세요. 불편한 감정이 일어난다 해도, 그 감정은 내가 아닙니다. 그 감정은 파도처럼 일어났다가 사라진다는 것을 기억하세요. 평소보다 고된 하루를 보냈다면 이 과정은 생략해도 좋습니다.

··· 다시 호흡에 주의를 기울입니다. 호흡은 현재의 순간에 머물도록 도와줍니다. 숨을 들이쉬고 내쉬면서 몸의 실재감을 느껴봅니다. 하루 동안 쌓였던 스트레스들이 몸에서 빠져나가는 것을 상상하면서 몸을 비워냅니다. 코로 들어가고 나가는 숨결들을 있는 그대로 느끼면서 마음챙김을 마무리합니다.

마음챙김을 하는 데 정해진 상황이나 방법은 없습니다. 어떤 식으로든지 나만의 마음챙김이 가능합니다. 열린 마음으로 경험을 있는 그대로 관찰합니다. 감정과 생각이 일어나면 그것도 받아들입니다. 감정이나 생각에 빠져든다 싶을 때면, 다시 호흡이나 몸의 감각에 주의를 기울이면서 현재 상태로 돌아옵니다. 마음을 혼란스럽게 만드는 감정이나 생각, 감각들이 다 가라앉을 때까지, 담담하게 그대로 지켜보면서 기다립니다.

이 연습을 하다 보면, 생각과 감정이 끊임없이 일어나고 사라지고 또 생겨난다는 것을 알게 됩니다. 그것에 휘둘리지 않고 지금 이 순간에 온전히 머무르는 게 얼마나 어려운 일인가를 깨닫게 됩니다.

마음챙김을 한다고 해서, 일상의 스트레스 요인들이 몽땅 사라지는 것은 아닙니다. 작은 트라우마는 끝없이 발생하고, 아이 때문에 평정심을 잃는 날들도 계속되지요. 하지만 마음챙김을 잊지 않는다면, 상황에 휘둘리는 나에게 잠깐의 고요한 순간을 선물할 수 있습니다. 그 안에서 여유를 찾고 힘을 내서 다시 일상과 마주할 수 있습니다.

내 아이가
미워질 때

엄마도 아이가 미울 때가 있습니다. 얄밉거나 짜증스럽거나 지겹거나 귀찮을 때가 있죠. 그것 역시 자연스러운 감정입니다. 감정은 언제나 그렇듯 한순간 휘몰아쳤다가 사라집니다. 시간이 지나면 다시 마음속에 사랑과 감사, 행복과 평온함이 차오르죠.

그것을 알면서도 폭풍의 순간에 들어서면 감당이 안 될 때가 있습니다. 아이가 작정하고 나를 괴롭히는 것처럼 느껴지고, 되풀이되는 늪에서 헤어나올 수 없을 것 같은 무력감에 빠지고, 당장이라도 강압적으로 상황을 뒤집고 싶어지지요.

이런 상황이 되면, 나의 내면으로 시선을 돌리기가 어렵습니다. 내가 무엇을 원하는지 묻고 답할 여력이 생기지 않죠. 그래서 우리에게는 생각의 닻이 필요합니다. 엄마의 감정이 소용돌이칠 때 그것에 휩쓸려가지 않도록 내 마음을 단단하게 고정시킬 수 있다면 후회의 순간을 마주하지 않아도 됩니다.

여기, 그 닻을 내리는 데 도움이 되는 몇 가지 방법이 있습니다.

첫 번째 닻은 '부모에겐 힘이 있다'는 것을 떠올리는 것입니다. '자식 이기는 부모 없다'는 말이 있죠. 자식의 행복을 바라는 부모가 결국 질 수밖에 없다는 의미입니다. 그러나 그 말이 부모가 약자라는 뜻은 아니죠. 사실상 부모는 엄청난 힘을 가진 존재입니다.

"엄마 칭찬 한 번 받으려고 얼마나 아등바등했나 몰라요. 좀 편하게 살아도 되는 나이인데 지금까지도 이렇게 매 순간 기를 쓰고 살아가는 건, 그때 엄마한테 받지 못했던 인정을 받고 싶어서가 아닐까요."

"아이들도 있고, 나이도 먹을 만큼 먹었는데 부모님께는 왜 너그러워지지 않는지 모르겠어요. 나를 이해해주지 않아서 화가 납니다. 변한 게 없다고 느껴지면 참을 수가 없어요. 도대체 저는 왜 아직도 이럴까요."

자식들은 평생, 얼마나 나이를 먹었든, 부모로부터 사랑받고 인정받고 싶어 합니다. 부모의 말 한마디가 큰 위로가 되기도 하고, 반대로 큰 상처로 남기도 하죠. 자식에게 미치는 부모의 영향력은 여전히 강력합니다. 그러니 자녀의 인생에서, 부모는 언제까지나 강자입니다. 아이와 함께 하는 시간이 상대적으로 많을 수밖에 없는 엄마들은 더 그렇죠.

아이 때문에 감정이 힘들어질 때면, '나는 강자고 아이는 약자다'는 생각의 닻을 내려보세요. 아무리 말 잘하고, 똑똑하다 해도 아무리 덩치가 커지고 키가 커진다 해도 아이는 엄마에게 언제나 기대고 싶습니다. 언제까지나 아이보다 큰 존재인 내가, 나보다 약한 아이에게 배려와 이해와 관용을 보여주겠다는 생각의 닻을 내려보세요.

두 번째 닻은 '내게 하는 말이 아니다'라고 생각하는 것입니다.
부모들도 아이들의 말에 종종 상처를 받곤 합니다. 아이가 화가 나서 뒨진 말에 마음이 베입니다. 서럽고, 서운하고, 괘씸하고, 아프죠.

"엄마가 사라졌으면 좋겠다는 거예요. 아무리 어려도 어떻게 그런 말을 할 수 있지요? 그런 말을 들을 때면 내가 지금까지 뭐 했나… 허망하다는 생각밖에 안 들어요."

"조금만 잘못되면 엄마 탓을 하는데 아주 미치겠어요. 자기가 잘했으면 될 일을, 사사건건 제 원망을 하는데… 하루 이틀도 아니고 듣기가 힘들어요."

어떤 말들에는 의미를 부여하지 말아야 합니다. 엄마를 향한 공격이 아니라, 스스로 스트레스를 감당 못해서 내뱉는 말일 수 있습니다. '엄마가 없어졌으면 좋겠다'는 말은 '나도 지금 내 감정이 뭔지 모르겠어서 미치겠어요'라는 뜻일지도 모릅니다.

때때로 엄마들이 그러하듯, 아이들도 맘에 없는 소리를 하곤 합니다. 무슨 말을 해야 할지 몰라서 혹은 진심을 말하자니 어색해서, 아니면 너무 화가 나서 누군가를 탓하고 싶어서 그러는 것이죠. 그럴 때마다 '나에게 하는 말이 아니다'는 생각의 닻을 내려보세요. 반응하지 말고 잠깐 눈을 감고 그 폭풍의 순간이 지나가게끔 기다리는 것입니다.

세 번째 닻은 '내가 너무 지쳤구나'를 받아들이고 후퇴하는 것입니다. 힘든 상황 자체에 발을 더 들여놓기보다 '내가 지금 지쳐서 상황에 휘둘리는구나'를 알아차리고 마음을 돌리는 것이죠.

얼마 전, 글 하나를 인상 깊게 읽었습니다. 하버드 비즈니스 리뷰에 실린 〈힘든 시기에도 공감을 지속하는 방법〉이라는 아티클이었죠. 스탠퍼드 대학교의 자밀자키 심리학 부교수가 쓴 공감empathy에 관한 내용이었습니다.

"공감하는 부모 아래에서 자란 청소년은 또래보다 우울증에 걸릴 확률이 낮지만, 그 부모는 다른 가정의 부모와 비교해서 세포의 노화징후를 더 많이 보였다. 공감형 부모는 자녀에게 도움을 주지만 자신은 상처를 입는다."

그는 공감의 힘을 설명하면서 동시에 공감으로 인한 소진을 우려했습니다. 그러면서 '자신을 돌보는 것'이 지속 가능한 공감의 한 가지 방법임을 설명했습니다. 다른 사람의 고통을 돌보는 것에서 오는 괴로움을 인정하고, 다른 사람에게 베풀어주는 자비심을 자신에게도 발휘하라고 강조하죠. 또한 다른 사람에게 도와달라고 말하는 것을 두려워하지 말라고도 덧붙입니다.

아이의 감정을 알아주고 수용하는 일은, 부모에게도 힘든 일입니다. 감정과 체력이 많이 소모되는 일이지요. 어떻게 해도 감정이 좋아지지 않는다면, 일단 '내가 너무 지쳤다'고 인정하는 게 좋습니다. 아이를 돌보는 일이 때때로 괴롭다는 것을 받아들이고 아이에게 최선을 다할 때처럼 자신을 돌봐주어야 합니다. 가능하다면 주변 사람들에게 도와달라는 말을 자주 하세요. 혼자 하려고 하지 말고, 완벽하게 해내려고 애쓰지 마세요.

안전한 항해를 하려면 바람을 타는 돛만 필요한 게 아닙니다. 지치지 않고 멀리 나아가려면 멈추어 쉴 줄도 알아야 합니다. 묵직하고 단단하게 마음을 고정시킬 수 있는 생각의 닻을 사용할 수 있을 때, 배는 강한 폭풍에도 흔들리지 않습니다.

내일도 사랑하며
살아갈 엄마들에게

'아이의 독서록' 때문에 한바탕 소리를 질렀던 그날, 온라인 수업을 마치고 방에서 나오니 집 안은 고요했습니다. 저기압인 저를 피해서 남편이 아이들을 데리고 마트에 갔던 것이지요. 저는 책상에 앉아 잠깐 숨을 고른 후, 저만의 노트를 펼쳤습니다. 아이들에게 말 실수를 했을 때나 엄마라는 역할이 너무 고될 때, 반대로 기쁜 사건이 있었거나 뿌듯했을 때 등등 그때그때의 감정과 사건을 기록하는 데 쓰는 노트였습니다.

특별한 작성법은 없었죠. 순간순간 일어나는 감정과 마음과 상황을 돌아보기 위해 쓰는 것이었으니까요. 일기처럼 몇 줄 적을 때도 있었지만, 그날은 '내면의 대화 체인 분석시트'를 작성했습니다. 자극과 반응 사이에서 감각과 감정, 자동적 생각, 기대와 요구 같은 내면의 연결고리들이 어떻게 일어났는지 확인하고, 다음에 또 비슷한 상황이 발생하면 어떻게 다르게 말할 것인지 대처문장까지 작성했지요.

'휴….'

무거운 마음을 털어버리고 다시 기운을 내보기로 했을 때, 남편과 마트에 갔던 아이들이 돌아왔습니다. 미안함에 더 반가운 얼굴로 맞이했더니 앞장 서서 들어오던 큰 아이가 불쑥 포장된 팩 하나를 들어 보입니다.

"전복이에요. 엄마 컨디션이 안 좋아 보여서 사왔어요. 버터전복구이가 맛있고 영양가도 좋대요. 내가 해줄게요."

그렇게 아이는 전복 살이 새하얗게 변할 때까지 박박 문질러 씻고는, 냉동실에 남겨둔 버터를 찾아 전복구이를 만들었습니다. 버터 냄새가 솔솔 나는 전복을 접시 위에 모양껏 올리고는 제게 내밀었죠. 어쩐지 눈물이 날 것만 같았습니다. 전복을 씹을 때마다 고마움과 미안함, 애틋함과 귀여움, 감동과 기쁨이 섞인 감정들이 마음속을 채웠죠.

'그래, 나는 아이들에게 충분히 사랑받고 있어. 그러니 이제는 내가 더 사랑해줘야지.'

아이들은 기억합니다. 자신의 머리를 만져주던 엄마의 손

길을, 사랑한다고 안아주던 그 품과 따뜻한 웃음을 기억합니다. 아이들은 언제나 더 큰 사랑으로 우리를 기다립니다. 우리의 부족한 모습을 언제나 용서하지요.

그러니 그런 아이들을 위해 엄마 역시 자신에게 기회를 주세요. 자신의 유약한 멘탈을 용서할 기회를요. 아이에게도, 자신에게도 너무 엄격한 잣대를 들이대지 마세요. 아이의 부족함을 보듬고 자신의 부족함도 보듬어주세요. 죄책감과 후회에 휩싸여 있는 대신, 사랑으로 내일을 맞이하세요.

아이들은 너무 빨리 큽니다. "너무 힘들어요, 도대체 언제 클까요"라고 했던 말의 여운이 사라지기도 전에 부쩍부쩍 커서 우리 곁에서 서서히 멀어집니다. 그러니 미래를 미리 불안해하지 말고, 후회로 가득 찬 과거를 돌아보지도 말고, 지금 이곳에서 지금 이 순간을 아이와 함께 누리세요. 내일도 여전히 자신을, 그리고 아이들을 사랑하며 살아갈 우리들에게 따뜻한 응원을 보냅니다.

하루하루 더
나아지는 삶을 위해

작업실 책상 위에는 아이들의 사진이 놓여 있습니다. 그리고 바로 아래에는 작은 포스트잇이 하나 붙어 있지요.

"더 크고, 더 강하고, 더 지혜롭고, 더 친절한 부모가 되자."

이 글을 되새기는 이유는 제가 아직 약하고, 때때로 지혜롭지 못하고, 친절하지 못한 엄마이기 때문일 것입니다.

제게도 가족과의 '말'은 늘 어렵습니다. 아이의 짜증 앞에서, 무례한 태도와 원치 않았던 여러 상황 앞에서 저 역시 매번 허둥댑니다. 하지만 그 순간에도 말 그릇을 깨뜨리지 않기 위해 애를 씁니다. 마음을 들여다 보기 위해 셀프 토크를 하고, 불편했던 대화를 돌아보며 그때의 감정과 생각과 욕구를 알아보기 위해 노트를 작성합니다. 그것이 쌓여갈수록 내 아이에게 더 귀한 말 하나를 심어둘 수 있으리라 믿으면서요.

사람마다 자신만의 말 그릇을 하나씩 가지고 있습니다. 살면서 힘겨운 상황에 맞닥뜨렸을 때 그곳 어딘가에 담겨 있을 쓸모 있는 말들을 휘적휘적 찾게 되죠. 나를 위로해줄, 나를 변호해줄, 나를 지켜줄 말들을요.

내 아이의 말 그릇에 그런 날 도움이 될 만한 말들을 잔뜩 넣어놓고 싶습니다. 엄마가 심어둔 어떤 말 하나를 꺼내어 말해보고, 들어보고, 떠올려보면서 자신이 얼마나 귀하고 어여쁜 존재인지 떠올릴 수 있도록… 그래서 내일의 자신을 다시 사랑할 수 있도록 말이죠.

앞으로도 그러한 마음으로 엄마의 말을 가꾸고 싶습니다. 고요한 마음에서 나오는 단단하고 따뜻한 말을 하기 위해 오늘도 다시 시작하고 싶습니다.

이 책을 쓰는 동안 종종 울컥했습니다. 아이들에게 미안한 기억이 떠오르기도 하고, 그럼에도 불구하고 잘 자라준 게 고맙기도 하고, 이렇게 사랑을 받는 게 행복하기도 했습니다. 그리고 힘든 순간에도 괜찮은 엄마 되기를 포기하지 않은 스스로에게도 기특한 마음이 들었습니다.

7년이라는 시간이 걸렸지만, 이렇게 '말 그릇' 시리즈의 마지막 책을 잘 끝맺을 수 있어서 참 감사합니다. 그동안 책을 위해 애써주신 카시오페아 출판사 대표님과 식구들에게도 감사의 인사를 전합니다. 더불어 무조건적인 수용의 힘을 직접 제게 보여준 남편과 제가 준 사랑보다 더 큰 사랑을 가르쳐준 두 아이들에게도 무한한 애정을 함께 보냅니다.

엄마의
말 그릇

마음에서 나오는 말은
마음으로 들어간다.

-서양 속담

비울수록 사랑을 더 채우는

엄마의 말 그릇

초판 1쇄 발행 2024년 5월 10일
초판 4쇄 발행 2024년 8월 13일

지은이 김윤나
펴낸이 민혜영
펴낸곳 (주)카시오페아
주소 서울시 마포구 월드컵로 14길 56 3~5층
전화 02-303-5580 | **팩스** 02-2179-8768
홈페이지 www.cassiopeiabook.com | **전자우편** editor@cassiopeiabook.com
출판등록 2012년 12월 27일 제2014-000277호
외부편집 정지영 | **디자인** 어나더페이퍼

ISBN 979-11-6827-183-8 03590